别让坏脾气
赶走好运气

运道

郑和生◎编著

民主与建设出版社
·北京·

©民主与建设出版社，2024

图书在版编目(CIP)数据

别让坏脾气赶走好运气 / 郑和生编著. -- 北京：民主与建设出版社，2018.3（2024.9重印）

ISBN 978-7-5139-1990-6

Ⅰ.①别… Ⅱ.①郑… Ⅲ.①情绪-自我控制-通俗 Ⅳ.①B842.6-49

中国版本图书馆CIP数据核字（2018）第038375号

别让坏脾气赶走好运气
BIE RANG HUAI PI QI GAN ZOU HAO YUN QI

编　　者	郑和生
责任编辑	刘树民
出版发行	民主与建设出版社有限责任公司
电　　话	（010）59417747　59419778
社　　址	北京市海淀区西三环中路10号望海楼E座7层
邮　　编	100142
印　　刷	三河市天润建兴印务有限公司
版　　次	2018年6月第1版
印　　次	2024年9月第3次印刷
开　　本	710mm×1000mm　1/16
印　　张	14
字　　数	210千字
书　　号	ISBN 978-7-5139-1990-6
定　　价	59.80元

注：如有印、装质量问题，请与出版社联系。

第一章　看清楚，这就是坏脾气带来的伤害

人生从此更凌乱 / 003

好运永远靠边站 / 006

错失机会空哀叹 / 009

远虑过剩压力重 / 013

心存嫉妒难开怀 / 017

执着公平抱怨多 / 020

别让痛苦成为坏脾气的根源 / 024

第二章　拒绝坏脾气，从认识自我开始

正能量需要自己给自己 / 029

请先给自己一个公平公正的评价 / 032

接纳自我等于接纳人生的好运气 / 035

任何时候都不要轻视你自己 / 038

发现并找到自己的优点 / 041

盲目跟从，最终失去的是你自己 / 044

知道自己想要的比什么都重要 / 048

找准自己的路，内心就坦然了 / 051

第三章　选择好的心态，坏脾气自然就少了

别和自己过不去 / 057

越抱怨越焦虑，不妨坦然一点 / 060

相信自己，你就能成为快乐幸福的你 / 065

合理安排生活，心情方能舒展愉悦 / 068

别再因为挫折而唉声叹气 / 071

在最亲近的人面前，更要学会忍耐 / 173

退一步海阔天空 / 075

第四章　活得真实一点，不浮躁的人不烦躁

别让你的坏情绪爆棚了 / 079

别让不切实际的空想困扰了你 / 087

一定要摒弃眼高手低的恶习 / 090

拒绝浮躁，才能找回内心的沉稳 / 093

人生，有时需要等待 / 097

这山望着那山高，永远无法登高峰 / 100

别让成功断在了你的坏脾气上 / 103

第五章　看开些，你只不过是太较真而已

什么都放在心上，心眼就小了 / 109

不要把你的生命过成一天 / 111

懂得放弃，心路才会更宽 / 114

抛开"应该"或"不应该"思想 / 117

过分的固执，终究会走进死胡同 / 120

懂得变通的人才不会被轻易牵绊 / 124

别成为"心理牢笼"的囚徒 / 126

第六章　发怒之前，请先让自己保持冷静

活出自信，你的人生才会充满希望和阳光 / 131

人生需要理智，而不是意气用事 / 134

心情不好时，不妨让自己忙起来 / 137

静静，就能有效地熄灭愤怒的火苗 / 140

控制情绪，要注重自制力的培养 / 143

保持冷静，不要为小事抓狂 / 145

多替别人想想，你就不容易生气 / 149

他人眼光那么多，你在意不来的 / 152

第七章　赢在职场，要能力更需要好脾气

你，不是在为老板或者别人工作 / 157

换一种角度看老板的批评 / 162

学会宽容，你就抛却了烦恼 / 165

积极走出职业倦怠的沼泽 / 168

学会把压力换到另一个肩膀上 / 172

做一个享受工作乐趣的人 / 175

这个世界上没有没受过委屈的人 / 180

管不住情绪，你的时间就没了 / 183

第八章　有些事，明白得越早对你越好

没有人有义务承担你的坏脾气 / 189

用微笑撑起你人生的每一天 / 192

你的心态决定你生活的状态 / 197

每一个当下，都应该拥有一个宁静的心 / 200

焦虑和忧愁，只会让情况变得更糟 / 203

有时，你只是钻进了情绪的牛角尖 / 205

当心，别被他人的情绪"传染" / 208

原来，快乐是可以习惯的 / 211

01

看清楚，这就是坏脾气带来的伤害

　　脾气，不仅仅反映的是人内在情绪以及心情，更是一个人情商高低以及对待人生态度的体现。一个人脾气的好坏，不仅关系到他人生所能取得成功的大小，更关系到他的人生是否美满幸福。在现实的生活中，许多人生活在不如意的状态中，人生充满了种种的不幸，从某种程度上来说，就是他们不懂得控制自己的情绪，不能以一种正确的积极态度去面对人生，从而让焦虑、忧虑、易怒等坏脾气毁了自己。

倘若说人生是一场电影，没有人希望自己的人生电影以悲剧收场。可是，在我们的身边为什么会有那么多的人仍然在用一种不幸或者悲剧的方式演绎自己的人生呢？大多是因为"坏脾气"改写了他们的人生剧本。

人生从此更凌乱

在我认识的众多人之中，不乏在某方面能力较为出众，且有着伟大理想和抱负的人。凭借他们的能力，原本可以拥有较为不错的人生。但令人遗憾的是，他们的生存状态并不怎么如意，甚至可以说有些糟糕。

有人可能会说，这是由于现今社会变化太快，竞争太过于激烈，还有许许多多的套路。说得简单一些，就是我们现在所处的这个世界太过于"险恶"，没有一定的关系或者说是背景，是真的难以有着较好的发展的。如果真的是这样，那么为什么依然有人能获得成功？我们又为什么要努力奋斗呢？

我们人生发展的最大阻碍，就是坏脾气。有不少人就是因为缺乏一定的自制力，不能很好地控制自己的情绪，因为脾气不好，使得这原本就充满了种种险阻、困难的人生，变得荆棘丛生，让自己的世界变得凌乱，而最终失去了方向。

我与何先生认识的时候，他刚刚入学毕业，因为他就读的是国内较为知名的院校，难免会有那么一点点的傲气。当时他跟我说，他现在出来工作是为了积累经验，为以后自己创业做准备。事实上，他在我们公司工作的时间没有超过两个月，他是突然间离职的，至于离职的原因我并不清楚，据说当时他还跟领导吵了一架。

不久后，他又找了一份工作。我原本以为他找的是跟前一份工作同行业的工作，然而事实是他的新工作跟原来的行业没有任何的关系。与前一份工作一样，他又没有干多久就离职了，接着又开始寻找新的工作。

一转眼3年的时间过去了，我虽然和他不怎么见面，但也时常保持联系，因而也知道他的一些事情。在这3年的时间内，他已经不知道换了多少次工作，始终没能安定下来，当然，他整个人的状态也不怎么好。

在电话或者QQ、微信聊天的时候，我也劝过他，说他年纪已经不小了，应该稳定下来。他说他知道这些，在从事每一份工作的时候，都想过要认认真真地做下去，但是有时候就连自己也不知道怎么回事，干着干着就觉得没什么意思，变得有些烦躁，一旦遇到上司或者同事说些什么让他感到不顺心的事，他就会忍不住发脾气，甚至会选择离职。他还跟我说，其实在很多的时候，他并不是真的想要离职，而是因为一时之间太过于冲动，话已经说出口，收不回来了。

他一再跟我说会改，但结果是，一旦感到不满意，或者觉得委屈，就什么也不顾了，任凭情绪操纵自己的言语和行为。

在前不久的某一个深夜，我突然接到了他的电话，他说他的工作又丢了。这一次是公司炒了他的鱿鱼，并不是他主动提出的离职。他显得很是迷茫，说他真的很想找一份工作，认真地干下去，可是，现在竞争这么激烈，他不知道自己到底能干什么，似乎在这个世界上找不到了自己的位置。

在现实的生活中，类似何先生的人不在少数，他们虽然有着雄心壮志，但却因此而变得茫然；他们虽然有一定的能力，但能力却让他们变得更为焦虑；他们虽然勤奋努力，但正是因为勤奋努力，而让他们变得忧郁……真的是他们的运气不好，命运使然吗？

说白了，就是他们不懂控制自己的情绪，让坏脾气赶走了自己的好运气。无论我们的理想有多伟大，不管我们的能力怎样卓越，要想将理想变成现实，拥抱人生的快乐和幸福，唯一的途径就是去做，尽自我最大的努力把它做好。

当然，要想把一件事做好并不是容易的事。就像是我们耳熟能详的那首歌唱的一样，"没有人能随随便便成功，不经历风雨怎么会见彩虹"。我们在做的过程中，遇到各种各样的困难和阻碍是再正常不过的事。这些困难和阻碍有时候是出乎我们想象的，只有当我们真正地静下心来去面对它，才能找到相应的方法去解决。反之，如果我们不能控制住情绪，因为这些困难和阻碍影响了自己的情绪，变得抱怨、烦躁，甚至是愤怒，又怎能正确地面对这些困难和险阻，如何有效地解决这些问题呢？

有一句话叫作"沉得住气，方能发得了力"。我想这里的"沉得住气"所指的并不是单纯的忍耐，还有控制住情绪，管理好自己脾气的意思。

再想想，我们身边为什么有那么多人会突然间变得烦躁、愤怒，甚至情绪失控？不就是因为遇到了一些难以解决的问题，或者是不开心的事，从而将内心世界感受体现出来吗？而对每一个人来说，人生是春暖花开还是落叶凋零，跟自己的内心世界有着密切的关系，实质上，只有我们的内心达到一种平和状态后，才能做到"不以物喜，不以己悲"，以一种淡定、从容的态度去面对人生中所遇到的人和事，才能让理想朝着现实行进。

你或许常常会羡慕身边有些人，他们无论做什么都可以轻轻松松地做好。有人会说像那样的人都是命好，运气好。但是又有谁知道，他们之所以会有这种好运气，大多是因为他们都是能控制得住情绪，拥有好脾气。

好运永远靠边站

生命即关系。就我们每一个人来说，能不能把每一件事都做好，走向成功的人生，不仅仅在于自身拥有着怎样的技能，还在于我们是不是能处理好与身边的人，尤其是与自己所从事的事业有关系的人之间的关系。否则的话，即便是我们再怎么有能力，再怎么努力也是枉然，因为这是一个需要合作和协助的时代。

那么，我们怎样才能处理好与他人之间的关系，得到他人的帮助以及协助呢？其中有一点极为重要，那就是在与人交往的过程中懂得如何去控制自己的情绪。在现实中，不少人难以获得成功，或者说是想要做成一件事要比他人付出更多的艰辛与努力，原因就在于不懂得控制自己的情绪，因为坏脾气而使得自己与他人的人际关系变得紧张，进而失去了原本的好运气，让自己的人生之路走得更为艰难。

在这儿，我不由得想起了不久之前发生的一件事。

在一个周末的下午，我遇到了将近10年未见的初中同学小秦。如果不是他先跟我打招呼，我都难以相信站在眼前的是他。

从他的穿着打扮以及精神状态来看，有那么一些落魄。这不免让我感到有些不可思议了，因为在我的印象中，小秦的学习成绩很好，是一个相当优秀的学生，按理来说，这么多年没见，应该是事业有成，春风得意啊！为什么看起来好像状况不怎么好呢？

虽然我心中充满了疑问，也不敢相信自己的推测，但是当我们找了一个地方坐下聊天时，才了解到我印象中这位优秀的同学，现在的状况真的不怎么如意，甚至可以说很惨！

"你说说看，我这个人的运气怎么这么差，不管做什么事都不顺……"一坐下，他就开始抱怨起来。他说了很多很多，而在他的言语中，我所能得到的只是这样的一种信息，那就是他很努力地去做一件事，但不管他怎么努力，最终还是因为这样或者那样的原因失败了。而他之所以失败，就是在需要他人帮助或者协助的时候，没有人能向他伸出援助之手。

为什么会这样呢？若要追寻其中的原因，那就是他喜欢发牢骚、抱怨，说话的时候不经过大脑，口不择言的坏脾气毁了他自己。

小秦在大学读的是中文系，加上他从小就喜欢文字，所以毕业后他选择从事文字工作，在一家文化公司做图书编辑。由于他有着较好的文字功底，再加上喜欢，很快就熟悉了编辑工作的业务流程，工作了一段时间后，他经手的书有一两本卖得还不错。

对于年轻人来说谁能真正地甘于平庸，谁不想做出一番更大的成就出来呢？看到身边有不少同事离职后成立了自己的工作室，都混得不错，原本小有才华的他也心动了，经过一番思想斗争后，他也离职了，成立了自己的工作室。

因为他曾经做过几本市场销售量还算不错的书，有一些图书公司就答应跟他合作，并且很快就谈好了合作方案。于是，雄心壮志的他开始了自己的创业旅程。开始的时候，他跟合作方合作得还算愉快，对方大多是按照合作合同上规定的给他支付稿费。但是随着时间的推移，再加上图书市场的竞争越来越激烈，有一次合作方因为资金周转出了些小问题，未能按照合同上的规定及时给小秦结款。这原本是很正常的一件事，可是小秦却不干了，三天两头给对方打电话，不仅说话不好听，还跟自己认识的一些人说合作方不讲信用、骗他之类的话。

小秦在说这些话的时候或许并没有什么恶意，有可能是想发泄一下心中不满的情绪罢了。但是他没有想到的是，因为一时之间控制不住自己的情绪，所说的一些牢骚话传到了合作方的耳朵里，不仅仅得罪了合作方让他们之间的合作难以继续下去，就连其他的一些图书出版公司也拒绝跟他合作。

他把自己人生、事业的发展之路堵死了。

"天时不如地利，地利不如人和""得道者多助，失道者寡助""一个好汉三个帮，一个篱笆三个桩"诸如此类的话，都告诉了我们一点，那就是一个人一生成就的大小，不仅在于他自身的勤奋努力，还在于他的人际圈子，在于他是不是一个受欢迎的人。

你可能会说：只要我有着相应的能力，又何愁不能闯出一番天地呢？但我要告诉你的是，能力虽然重要，但你总是一副很拽、乱发脾气的样子，你的能力只会让你变得更为焦虑。因为有能力，他人会欣赏、佩服你，但不一定会走近你。人们喜欢的是那些脾气好、容易接近的人，会把这样的人当成真正的朋友，去跟他们分享自己的成功与失败，在他们需要帮助的时候给予相应的帮助。

想想看，当你在为一件事而绞尽脑汁却始终想不出一个更好的办法时，你身边正好有一位朋友恰好曾经遇到过类似的事，他把他的经验说出来，对于你来说不就是遇到了一个贵人，拥有了一份好运吗？如此一来，你的人生自然会顺利很多。反之，你一个人在苦斗，在摸索，即便你最终解决了问题，但所花费的时间和精力又会是多少呢？

"我只是缺少一个好的机会,如果有一个好的机会,那么自己肯定不会像现在这样不堪。"当我们在抱怨的时候,又有谁知道,正是我们的一些坏脾气让机会离我们远去。

错失机会空哀叹

我们常常会听到一些人在抱怨,说什么难以突破自我,不能获得更好的发展,拥有更加美好的人生,其实你所欠缺的只是一个好机会。那么,什么是好的机会?为什么别人能有好的机会,你却没有呢?当我们在抱怨的时候,是否这样思考过?

其实,我们所想要的机会一直就在身边,只是因为未能管理好自己的情绪,不能控制好自己的坏脾气,心难以真正地静下来,变得浮躁、焦虑,忽略了它们,或者是远离了它们。

小张是我认识多年的一位朋友,他在现在的这家公司工作了将近4年。在现今竞争激烈、充满各种诱惑的时代背景中,跳槽是较为常见的一种现象。像他这样,在一家公司一干就是4年的人还真的不怎么多见。按理来说,他在这家公司做了这么长的时间,也是老员工了,暂且不说职位是否得到提升,再怎么着应该薪水不薄。可是现实总会出乎我们的想象,小张依然还是一名普通员工,所拿的薪水较之刚进公司时也没有涨多少,甚至比一些新进公司的同事还要低。用他自己的话说,就是什么都见涨,就是工资不涨。

如果换作其他人,大多数恐怕是毫不犹豫地选择离职,重新再找一份工作。因为,像这样做下去也是没有什么发展前途的。他的一些朋友也曾劝过他，让他想想，考虑找一份新的工作，可是他拒绝了，说："没有合适的机会，换什么工作都一样。"他说着这些话的时候，语气中充满了抱怨，似乎是在哀怨自己的命运是如此的不济，又像是在责备上天对他是如此的不公。

难道说，他真的就是这样一个被"命运之神"遗忘的不幸者吗？而对他有所了解的我却知道，他并不是没有机会改变自己的命运，而是因为自身的一些坏脾气促使原本属于他的机会远离了他。

记得小张进这家公司一个月后，他曾无比兴奋地告诉我，说他的上司很欣赏他，准备重用他。但不久之后，他再见到我的时候，却总是有意无意地说出一些上司不懂得识人用人、现在自己做的是一些琐碎的事情，没有什么实际意义，难以体现出自我能力、实现自我价值之类的话。由此看来，他对目前所做的工作有着诸多的不满。

"总是跟我说这说那，我才懒得跟他客气，我就是不按照他说的做，看他怎么办""我为什么要跟他客气，跟他争几句又怎么啦"等类似这样的话，也常常从他的口中说出。

他这样已经不像是要把工作把事情做好，而是有点跟他的上司对着干的意思。我想在任何一个单位，任何一位领导都不会喜欢这样的员工，即便他的能力很出色，他的这一脾气秉性，也会使他丧失被重用的机会。

一说到机会，很多人便认为机会是别人给的。殊不知，机会在于创造，在于主动争取，在于我们是不是能够真正地静下心来，将自己真正的能力和优势发挥出来，创造出应有的价值。而要做到这一点，我们就要学会掌控自己的情绪，管得住自己的脾气。

有一次，一位深圳的朋友来北京出差，他是一家公司的总经理。我们聊天时无意间说到关于一个公司的老总喜欢并愿意重用什么类型的员工的话题。他几乎想都没想，就说："态度，态度好的员工。"

他在说这句话的时候，我一时之间没有反应过来，便好奇地问他为什么。

他说态度决定成败，一个人不管能力怎样，如果没有一种正确的态度，是很难认真地面对工作，去把工作做好的。他反问我："如果一个人能力突出，但是他动不动就跟你闹点小情绪，发点小脾气，像这样的人你敢重用，愿意把一些重要的事交给他去做吗？"

他说完这些话后我仔细地想了想，觉得他说得很实际，现实也是如此。我们仔细观察身边那些在职场上春风得意，在生活上快乐幸福，似乎被好运紧紧围绕着的人，他们哪一个不是以积极乐观的态度去面对生活和工作的？这些人不会经常抱怨，也不会因为一些小事就动不动发脾气。再看看那些在人生的旅途中艰难前行，总是在抱怨自己没有机会，才华难以得到施展的人，他们一有不顺心的事，就抱怨不已，有时甚至因为控制不住脾气，做出一些不理智的事情。例如，有些人在公司没干多久，因为某种原因跟领导或者同事产生了矛盾，就一怒之下愤然离职。

我不由得想起了上面所说的小张，他在一家公司工作了将近4年，为什么一直没有得到重用，是他的能力不够吗？当然不是，如果是能力不够的话，恐怕早就被炒鱿鱼了。他之所以没有得到能证明自己的能力和实力的机会，最为主要的原因，恐怕就是在于态度，他在工作中未能管理好自己的情绪，让一些不好的脾气使自己失去了进一步发展的机会。而从他上面的一些言语中，我们也可以得知，小张确实是一个脾气不怎么好的人。

你是不是像小张那样，觉得自己未能有更好的发展是因为自己的运气不好，没有好的机会呢？别再抱怨自己没有好的机会了，要怪就怪你自己，怪你的态度，怪你管不住自己的坏脾气。

你要知道，坏脾气给人的不仅仅是一种不成熟、不理智、不负责任的印象，也给他人接近和了解你添了一堵墙。想想看，你再怎么有能力，再怎么优秀，别人不知道，怎么可能把好的信息、好的机会给你呢？

你或许很有能力，但无法控制自己的情绪，管不住自己的脾气，就很难进一步上升和发展的机会，虽然你看上去是那样的勤奋努力，那也是义务使然。倘若遇到一些阻碍以及其他事情的影响，你便很难坚持下去，让曾经的努力变成白费力气。这样的话，好运何时才能降临到你的头上？

俗话说："人无远虑，必有近忧。"虽是真理，但是如果远虑过多，就会陷入另一个极端——无端制造很多不存在的压力，让自己的心情变得越来越糟，脾气也就变得越来越坏。在这种情绪和心理的影响下，我们的人生也充满了各种各样的忧虑，难以真正地快乐起来。

远虑过剩压力重

有这样一个故事，想必大家都很耳熟。老太太雨天担心开洗染店的儿子布料晒不干，晴天又担心卖雨伞的儿子生意不好做，这就是典型的杞人忧天。"远虑"没有什么不好，但是没有限度地担心未来，那么就会永远被压力包围。

在一座寺庙里，有个小和尚被安排每天清扫院子里的落叶，到了秋天，小和尚每天都要早早起来，花费很多的时间去清扫成堆的落叶，着实是一件苦差事，为此小和尚很是头疼。后来一个和尚给他提醒："你可以在打扫时用力地摇晃树干，多摇下些树叶，这样你就可以几天都不用扫了。"小和尚听后觉得很有道理，于是第二天早上他早早起床，使出全身力气摇晃院子里的树，树叶落得满地都是。最后他兴奋地把所有树叶都扫干净了，看着干净整洁的院子，想象自己未来几天都可以不用早起扫院子了，小和尚非常高兴。

第二天，小和尚迟迟才起床，走到院子里，他不禁吃了一惊：院子里依旧满是落叶。

这时一位德高望重的老和尚走到他身旁，意味深长地对他说："傻孩子，在这种时候落叶每天都会飘落，就算你前一天多么用力，第二天落叶还是照常飘落啊！"小和尚听后恍然大悟。

现实中很多人生活得不快乐，时常抱怨压力大、任务重，往往是因为没有明白这个道理，总是企图把人生中可能遇到的所有烦恼都解决掉，殊不知未来的烦恼就像不断飘落的树叶，从来都是无法提前清扫的。

在撒哈拉大沙漠里生活着一种土灰色的沙鼠，每每旱季来临之前，它们都会含着草根在自己的洞口进进出出，囤积大量的草根，忙得不可开交。即便草根足够它们度过整个旱季，它们仍然不肯罢休，还是继续拼命工作着，直到洞穴装不下更多的草根为止，这样它们才会安心，踏实地度过旱季，否则就会表现得焦躁不安。

后来科学家针对这一现象进行了研究，结果发现：沙鼠的这种行为是由于受到了遗传基因的影响，使它们形成了一种本能的担心。其实它们完全不需要这样卖命和劳累。

在现实生活中，有些人常常会为了明天可能遇到的麻烦惴惴不安，总是要把一切可能出现的情况都思考一遍，唯恐自己到时候束手无策，结果使自己始终生活在紧张和不安当中，压力也就随之而来。人生不可能一帆风顺，总会遇到这样那样的麻烦、困难和挫折，未来是无法预知的，即便我们再三思虑，前面总有问题等着我们。所以思虑没有用，解决才是硬道理。

被誉为"乐圣"的贝多芬，4岁时开始练习钢琴，10岁便发表了第一首钢琴变奏曲，在他20多年勤奋的学习之中，曾受到多位音乐大师的赞赏与肯定，25岁那年，他凭借弹奏自己创作的作品，得到了人们的广泛认可，终于成为维也纳艺术舞台上的一名钢琴演奏家。

然而就在贝多芬的音乐事业飞黄腾达之时，遭遇了一生中最大的挫折，他的听力开始出现异常，耳朵里时常发出嗡嗡的声音，多次医治，却不见任何好转。最后在贝多芬32岁时，他的耳朵彻底失聪了，对于一个热爱音乐并忠于创作的音乐家来说，这无疑是一个巨大的打击。

尽管如此，他的音乐之路却并没有结束，反而在耳聋之后又创作了大量闻名世界的钢琴曲，其中包括经典之作《命运》交响曲，著名政治家恩格斯还曾盛赞这部作品为"最杰出的音乐作品"。

贝多芬晚年时，还为匈牙利著名的音乐家李斯特命题，在贝多芬面前，李斯特演奏出了一串串美妙的乐符，然而贝多芬却一点儿也听不见，但是他仍能凭借李斯特的手指动作和面部表情判断李斯特的造诣。

如果贝多芬因耳聋担忧不已，又怎能取得如此巨大的成就？不对未来担忧，不给自己施加压力和阻碍，就是辅助自己成功最简单最直接的途径之一。

车到山前必有路。不同的问题会有不同的解决方法，未来不可知，我们就更没有必要为此而惴惴不安。即便是明天的早餐，也不值得我们思虑，明天来了，我们自然会有解决的办法。

有一个贫穷的铁匠，他每天都生活得十分压抑，他时刻都在担心一连串的问题：如果我没有足够的粮食，下一个冬天没有保暖的衣服，吃不饱穿不暖，那么我就容易生病啊；生病了我就没法打铁了，这样我就挣不到钱了，我的生活就会更贫困……就这样，他始终都被重重的烦恼包围着，日复一日，他的身体也越来越弱，以至于有一次昏倒在大街上。

当时他身边正好经过一位医学博士，博士询问了事情的来龙去脉，对他非常同情，于是就送给他一条项链，并对他说："这是一条金项链，不到万不得已，你都不要卖掉它。"

从此之后，铁匠再也没有忧愁过，在生活遇到困难时，他总是想：还有一条金项链呢！如果穷得实在无法活下去，我还可以用它换钱。虽然铁匠经历了很多困难，但是他都坚强地挺了过来，并且非常努力地工作，十几年过去了，铁匠凭着精湛的手艺得到了越来越多人的喜爱，生活也渐渐富裕了。后来铁匠不再工作了，闲暇之余，他忽然想道：何不拿那条项链到商店去估个价？但是结果却令他大吃一惊，商店老板告诉他，这条项链并非真金，只是铜质的罢了。铁匠顿悟道："原来博士给我的不是一条项链，而是一剂解开我心结的良药啊！"

生活中总有像铁匠一样的人，不仅为了明天的烦恼忧虑不堪，而且还会无故放大困难，想象最糟糕的结果，于是整天都生活在无尽的担忧中，害怕现实真的会如自己所想的那样。其实很多问题并没有想象的那样严重，人们之所以会失败，往往是将事情看得太难了，无形中给自己增加了很多不必要的压力。过多远虑才是阻挡快乐和成功的最大障碍。

所以对于明天甚至迫在眉睫的问题，我们都应该理智对待，不要无端放大困难，始终给自己带一条"金项链"，让自己多一份安心，抛掉过多的压力，全力以赴地迎接困难，我们会发现：那些远远看来难以跨越的障碍，其实并不高。

小说家大仲马曾经说："人生其实就是由无数小烦恼组成的一串念珠，懂得自我人生价值的人会笑着数完它。"既然生活中总会遇到压力和烦恼，与其忧愁度日，思前想后，倒不如勇敢地迎接它们，微笑着解决它们。

人都有好胜心，看到别人比自己强的时候，心里都会有一些难过，看到别人比自己过得好时，就会感到不平衡，如果说人生就像走钢丝，那么这些不平衡很有可能使我们失足。

心存嫉妒难开怀

法国作家大仲马的经典作品《基督山恩仇记》就讲述了这样一个故事：

年轻英俊的水手爱德蒙从海外归来，拥有美丽的未婚妻和称心如意的工作，有着美好的人生前景，然而他的一切却遭到了他人的妒忌。在他的同事、邻居还有情敌的合谋陷害下，爱德蒙被打入了死牢，未婚妻也离他而去，投入了他人的怀抱，看到爱德蒙的遭遇，三个人天真地以为彻底地打败了爱德蒙，并且认为他必死无疑。

可怜的爱德蒙并没有就此气馁，狱中和他关押在一起的人是法利亚神父，从这位神父那里，爱德蒙学到了很多知识，并学会了几种语言，还从神父那里获得了基督山宝藏的秘密。

经历了十几年的牢狱生活后，爱德蒙在一次难得的机会中成功逃脱，找到宝藏，并遵循神父的教导，帮助了需要帮助的人，化名基督山伯爵。最终，三个陷害爱德蒙的人受到了应有的惩罚。

爱德蒙的勇敢和忍辱负重的精神着实值得我们学习，但是我们也能从中悟出另一个道理：那就是嫉妒别人并不能让自己脱颖而出，反而还会使自己掉进深渊，品尝自酿的苦果。

我们都知道，嫉妒会让一个人对那些所谓的幸运者充满冷漠、贬低、排斥甚至敌视，更可怕的是，嫉妒别人就如同服用慢性毒药，如果一个人每天都会因为自己不如别人而痛苦不堪，为现实的不公平而大肆抱怨，甚至对别人产生仇恨心理，使自己永远沉浸在负面情绪中，这无异于搬起石头砸自己的脚，自己和自己过不去。

有个人每天早中晚3次做祷告的时候，都在祷告的内容中附加自己的愿望，他希望能见到上帝，哪怕只是一次，他也非常满足。终于有一天，他遇见了上帝。

上帝对他说："我可以满足你任何一个愿望，但你的邻居会得到你所得到的双份。"那个人听第一句话时，高兴不已，但听到第二句话时，心想：如果我得到一份遗产，我的邻居就会得到我的双倍；如果我要一箱黄金，那邻居就会得到两箱；更要命的是如果我要一个老婆，那么那个光棍就会同时得到两个老婆了。

这个人想："无论如何也不能让别人得逞。"他不知道自己该提什么要求才好，实在不甘心被别人占优势，最后他说："唉，你还是挖掉我一颗眼珠吧。"

人都有好胜心，看到别人比自己强的时候，心里都会有一些难过，这样的难过就是嫉妒，看到别人比自己过得好，就会感到不平衡，如果说人生就像走钢丝，那么这些不平衡很有可能使我们失足。

年轻的马蒂尔德在公司很受大家的欢迎，人们常常夸奖她。她有能力，能把自己的工作做得很好；人也很开朗，不论在什么样的场合，她都能保持自己儒雅的风度。她还很勤奋，无论遇到什么困难都能克服。

但是，有一天，公司里来了一位新同事，是一位容貌非凡的女士。因为马蒂尔德的同事以男士居多，所以这位小姐很受大家的欢迎。很多人帮助她熟悉业务，还有人跑前跑后地为她安排工作。马蒂尔德的心里很不是滋味。

有一次，大家去参加一个舞会，马蒂尔德想和新同事攀谈，也想趁机显示自己的魅力，但是直至舞会结束，马蒂尔德都没有机会。男人们都围着新同事，对她说好听的话，然而昔日那个位置都是马蒂尔德的。

马蒂尔德渐渐地改变了，她不再勤于工作，每天都在嫉妒的怒火中煎熬。她经常神思恍惚，有时候甚至会一直盯着那个新来的同事，很多人都发现了她的异样。在一次年终的奖励大会上，新来的同事因为人际上的关系使公司的赢利提高了很多，所以很多上司也围绕着她，恭维她，马蒂尔德最终忍耐不住，辞去了工作，而且一个月都没有走出家门半步，最后她患上了抑郁症。

一个人只嫉妒比自己强的人，尤其是曾经和自己平起平坐甚至还不如自己、后来却超过了自己的人。每当与这些比自己强的人在一起时，嫉妒心就会油然而生，内心就会受到痛苦的折磨，从而造成心理上对别人的抵触，最后甚至把这种变态的情绪发泄到对方身上，以解心中的不快。

事实上，嫉妒正是把自己身边最美好的东西拱手送给了别人，有时候，幸福就在自己的身边，但是因为嫉妒，只能眼睁睁地看着幸福从自己的手中溜走。其实，幸福的方法很简单，就是看见别人有成就的时候，保持一颗平常心。

正如莎士比亚所说："您要留心嫉妒啊，那是一个绿眼的妖魔。"但是现实中有些人却乐此不疲，殊不知，因为嫉妒自己已经丢掉了大把的快乐。

> 同样是石头，一个被人践踏，一个被人膜拜，看起来好像真的很不公平。可是静下心来想想，为什么人家要选它而不是选你做佛像？

执着公平抱怨多

有一天，寺庙里铺在地面上的一块大石头抬起头来对正上方的佛像说："我们原本是来自于山上的同一块石头，可现在我躺在这里，灰头垢面，受万人践踏，而你却坐在那里，高高在上，受万人膜拜，世道为什么如此不公平呢？"佛像说："是的，我们来自深山的同一块石头，但我经过了几个石匠数年的打磨，才站在了这里，而你只接受了简单的加工，所以就只能铺在地上给人垫脚啊。"

同样是石头，能不能被雕成佛像，差别真的很大。

生活中，我们谁又比谁差呢？可命运女神注定要把我们分成坐车的、赶车的、造车的和修车的。在同一个院子里一起长大的小伙伴，以后注定会走上不同的道路，有的会成为一个在小气候里呼风唤雨的人，有的会成为某方面的专家、精英，而有的人则可能一辈子做一个普通打工者。

难道世界就是这么不公平吗？

无巧不成书，小张、小李、小杨不仅是高中同学，并且大学时也是同一个班级的，毕业后一起进入了同一家公司。

但一段时间后，他们的薪水却大不相同：小张的月薪是5000元，小李月薪是3500元，小杨月薪2000元。于是，小李和小杨都感到不公平，尤其是小杨，总是抱怨经理对自己有成见，和自己过不去。

有一次，他们一起回去看望自己的恩师，小李和小杨就把自己的不满告诉了老师，得知他们的薪水差距之后，老师很纳闷。于是找了个机会去看望他们，顺便问总经理："在学校，他们的学习成绩都差不多，为什么毕业一年就会有这么大的差距呢？"

总经理听完老师的话，笑着对老师说："在学校他们是学习书本知识，但在公司里，却是要行动，要结果，公司与学校的要求不同，员工表现与学校的考试成绩不同，薪水作为衡量的标准，就自然不同了。"

看到老师疑惑不解地皱着眉头，总经理对老师说："这样吧，我现在叫他们三人做相同的事情，你只要看他们的表现，就知道答案了。"

总经理把三个人同时找来，然后对他们说："现在请你们去调查一下停泊在港口边的船，船上毛皮的数量、价格和品质，你们都要详细地记录下来，并尽快给我答复。"

他们三个人接到任务后都忙去了。

小杨想，自己去港口一趟多费事，正好有一个朋友在港口办事，让他帮忙就是了。

小李到了港口后，按照经理吩咐的，把任务完成了。

小张听了总经理布置的任务后，先到总经理的助理那儿了解了一下情况，然后赶到港口，认真做了自己该做的事。

一个小时后，他们三个人都回来了。

小杨先做了汇报："那个港口有一个我的老朋友，我给他打了电话，他愿意帮我们的忙，明天给我结果。我为了保证明天他能给我结果，我准备今天晚上请他吃饭。经理您放心，明天一定给您结果。"

接下来，小李把船上的毛皮数量、品质等详细情况给了总经理。

轮到小张的时候，他首先重复报告了毛皮数量、品质等情况，并且把船上最有价值的货品详细记录了下来。然后表明，他已向总经理助理了解到总经理的目的，是要在了解货物的情况后与货主谈判。于是，他在回程中，又打电话向另外两家毛皮公司询问了相关的品质、价格等。

此时，总经理会心一笑，老师恍然大悟。

看到这种情况后，任何一个人都会像那位老师一样，一下子就会明白，为什么他们的薪水会有这么大的差别。同时，我们也会明白为什么我们周围的人薪水都比自己高的原因了。

同是石头，一个被人践踏，一个被人膜拜，看起来好像真的很不公平。可是静下心来想想，为什么人家要选它而不是选你做佛像？同样的道理，起初水平相当的两个人，一个人升职了，涨薪了，另一个却原地踏步走，也是有原因的。

有这样一个故事：

有一个年轻人常常抱怨公司领导对自己不公、不重视自己，有什么新鲜创意都得不到领导的赏识。一次次的会议，作为普通职员的自己也没有参加的机会，而那些衣着体面的高级经理只是动动嘴就决定了他们的去留和前途。

一天，他向一位智者讲出了自己的烦恼，智者听后无言，只是把他领到海边，智者随手捡起一块鹅卵石，抛到了一堆鹅卵石当中。

智者问："你能把我刚才扔出去的鹅卵石捡回来吗？"

"我不能。"

"那如果我扔下一颗珍珠呢？"智者再问，并别有深意地看向年轻人，年轻人恍然大悟。

如果自己只是一枚平淡无奇的鹅卵石，就没有权利抱怨领导的不公平，因为你没有被重视的价值。要想引起关注，想拥有自己的立场和声音，就要努力提升自我的价值，成为"珍珠"。

同一块石头，选它而不是选你做佛像肯定是因为它更有资质（石头的质地纹理）。而且人家成为佛像，也是要忍受着一锤一锤的敲击，一刀一刀的切割，就如同凤凰浴火，涅槃重生。如果你自信自己也有这种资质，那么也许有一天你也会被石匠发现，即使成不了佛，成为一个石磨，成为一个石杵，又有何不可呢？

因此，一个心胸开阔的人，能够正确地看待自身与他人的差别，既不会自轻自贱，崇拜英雄或偶像，把任何人都看得比自己优越，也不会盲目自信，无谓地贬低他人。他不会计较在每件事上是否都公平，只愿意让自己的内心快活与充实。

有时可能别人对你的痛苦不能感同身受，但至少对你的关心是没有虚假之意的。因此，不要因为你的痛苦而去迁怒他人，乱发脾气。痛苦的时候，不要把自己封闭起来，而要敞开心扉，让周围的人靠近你，让阳光撒进去。

别让痛苦成为坏脾气的根源

有段日子我非常激愤，少年丧母不是每个人都能放在心里的。我黑口黑脸，把每一个问起我母亲的人都当作敌人。我在日记里对自己说，当悲剧发生在自己身上之前，所有人都可以唏嘘一把的——不过是哀戚或余悲，他人亦已歌。

我就那样封闭着，像一只流浪狗。狗是会咬人的，而且我是那种尖牙利齿的狗，谁都难以接近我。我自己也觉得沉重和痛苦，也想和别人一样，过着那个年纪应有的生活。可是我好像做不到了。收养我的外婆忧心忡忡，我的班主任找她家访时，她说，怎么办，这孩子竟然没有一个朋友。

班主任是个刚毕业的女孩，当时才二十来岁，长得清秀。她找我谈心，讲关于阿修罗的故事。她说，阿修罗是佛经中八种神道怪物之一，阿修罗性子执拗、刚烈，能力极大，凡与之接触，倘不蒙他喜悦，就必然遭殃。

我打断她，说："《天龙八部》我小学时就看过。"

她仍然温柔地看着我，慢慢地说："可我希望你知道，阿修罗在伤害别人的同时,受伤最深的,却是他自己。"

我知道她的用意,也明白她讲的道理,可我不能改变自己。我的阿修罗已经长在那里了,连根带刺。

那个时候,除了她,还有一个和我同桌的女生,叫华,常常找我说话,通常是她说十句我答一句。我记得那是一个冬天的晚自习,休息的时候我一个人到操场,她跟上来,找我说话。我照例有些不耐烦,突然她就说:"有件事一直想告诉你,放在我心里很久了,我想说出来对你有帮助。"

她说了。在那天,在我母亲死去的那天,我没能来上晚自习。当时他们都不知道我为什么没来,所以当和我住同一条街的男同学小田来的时候,他们都问我为什么没来。他们的话音未落,就看见小田伏到课桌上号啕大哭,哭得他们都傻了,以为小田家出了事。小田哭着说:"郭葭的妈妈死了。"

华说,她到现在都记得小田说那句话时的样子。小田一直是个沉默少言的男生,成绩也不怎么好,虽说和我同住一条街,但和我这个优等生几乎没说过什么话。我母亲对他而言,只是位邻家和蔼的阿姨。小田说,他那天早上还见过我妈妈,早上还是好好的啊……

华哽咽着说不下去,华说:"我只想让你知道,不是每一个人都拿着你的不幸对比自己的幸福,就算有那样的人,也不是全部。小田不是,我也不是,还有很多人都不是。"

我呆住了,想起那天小田在回家路上对我说:"郭葭,你以后想考什么大学?"我却冷冷地回答:"这和你有关吗?"我清楚地看到他脸上的笑是怎样收住的。我好像一下子心软了,有种平和、温柔的情绪,慢慢浮起。想起班主任说过的阿修罗,我第一次觉得自己是做错了。

10年过去，我从那场悲哀中走过。我和小田一直没有说过什么话，我看着他没能考上大学，接父亲的班进工厂，一年前他下岗，儿子5岁，上不起托儿所。当我从华那儿听说他想做点小生意需要钱时，我便寄给他一笔钱。小田在电话里说了太多感谢，他根本已忘了少年时为我母亲号啕大哭的事，我也没提起，只说，我最近发了笔小财，想当股东再赚点小钱。

在这个27岁的春天里，我希望我的故事帮助正在自我伤害和挣扎着的阿修罗们。也许痛苦是不能被安慰的，可是毕竟好过自我伤害。

02

拒绝坏脾气，从认识自我开始

无论你怎么烦躁、忧虑，或者是易怒，也不管你如何去学习控制自己的情绪，但有一点你应该牢记，那就是你先要对自己有一个较为公平、客观的认知，并勇于接受自己。因为，你这样做，其实就是对自我价值的一种肯定。而在很多的时候，我们种种负面情绪以及一些不好的脾气，恰恰就是因为未能寻找到自我的价值，心理自卑。

在每一丝曙光破晓之前，一定是快要窒息的漫长黑夜；在每一次荣光到来之前，一定有太多狼狈的时刻、被看不起的日子；在每一阵掌声到来之前，总有太多唏嘘，太多冷眼。所以，在每一个快要放弃的时刻，记得对自己说：加油，挺住！

正能量需要自己给自己

常有人会说："我学不进去求正能量""我老板是个变态怎么办求正能量""我不想去上班求打鸡血"，正能量仿佛就是神仙药水，只要得到就能满血复活；又好像正能量变成了逃避问题的办法，如果没有正能量打鸡血就永远解不开问题的结。

前段时间一度工作太忙，整个元旦都在家里加班，加上下属生病住院，加班的过程心烦气躁，恨不得对着电脑要摔鼠标了。每天在家里乌泱泱地想，这种日子可怎么过得下去。很多问题在一起，根本来不及想就变成了一个死结。辞职！消失！扔下这一切不管了！这些字眼无一个突突突地跳出来，让自己不由得心生绝望，感觉整个世界都暗淡了！好想在什么犄角旮旯看到句什么牛哄哄的话，以让自己能搞定这一切！

打开电视看了很久，也确实恰如其分地看到那么几句话，让自己内心的温度一点点升腾起来，有了一点点力气去仔细想想各种事儿，真正让自己的内心安静下来，把每件事都拆开来找找前因后果，最重要的是想出各种解决方案。仔细想想，其实正能量这种东西就像一股精神气儿，被充入每个人的信仰里，让你开始相信自己一定能赢，一定能做到，仅此而已。事情本身的解决还是要靠自己来想办法，而并非全靠正能量来解决问题。

当"正能量"这个词让人依赖的时候，越来越多的人在遇到困难的第一时间想到的不是如何去解决问题，而是寻找哪里有正能量给自己打点鸡血。但越是这样，自己就会愈加丧失让自己从绝望中爬起来的能动性（或者叫本能），总觉得需要一些外力才能重振精神斗志昂扬。心情跌到低谷的时候，都不知道应该如何从低谷走出来。时间久了，倘若方圆二里地里找不到一个合适的励志对象，这日子就没法过了。

《少年 Pi》热映的时候，觉得 Pi 特别强，这种强不是指他战胜了多少身体与物质上的困难，而是他在一个毫无对手，毫无刺激，毫无正能量的环境下不断地打败自己绝望的内心，战胜了自己的孤单和寂寞，一天天撑到了靠岸。这让我想到了这个时代过多的正能量，以及过多的依赖。

这个时代里年轻人痛楚和绝望，大多来自对未来理想的迷茫，对自我的过高估计，对社会的隐忍不安，而并非来自肉体或物质的匮乏；而社会的浮躁与虚化又会将年轻人想要吃苦与耐久的心情通通赶跑，这便造成了更多精神上的折磨与低落。如果我们总是需要正能量一类的精神鸦片来不断地刺激自己，如果有一天，我们的周围没有了励志故事与心灵鸡汤，日子还能否过下去？自己的求胜的信仰是否能本能地打败心底绝望的声音，让自己像少年 Pi 一样穿过孤独的海洋？

即便我们每天吸收了大量的正能量，看过太多的励志故事，读过太多的警示格言，但如果不能把这些内容与自己相结合，如果不能把这些内容融入自己的生活中来让我们自己每天都多进步一点点，那所谓的正能量也没什么太大的作用。励志故事依然是别人的，名言警句依然是书上的，一切都没有引起什么共鸣。无非只是睡前的咖啡因，一觉醒来，依然什么都没有。

越是条件好资源多的状态下，越要苛刻地对待自己，假想自己在一无所有的地方遇到正在面临的问题，应该如何自己为自己打鸡血，而不是依赖他人。当我们的心情和态度开始慢慢发生变化，很多负面的问题才会悄然转身，露出温柔的微笑。

只是一味地让外界给予你正能量，而不是结合自身的问题具体问题具体分析，那么你就很难走出当时的困境或者负面情绪。所以，越是这种情况，越要自己为自己打鸡血，而不是依赖他人。

对自己公平、公正的评价，是给自我的一个定位，是对自我价值的一种肯定，唯有如此，我们才能真正地明白自己的人生方向，知道自己人生的价值所在，同样，也不会迷失自我，或者自信心不足，使得情绪受到影响，进而在心里种下"坏脾气"的种子。

请先给自己一个公平公正的评价

因为受到目的、自我认识、各种制约因素的影响，人们在做一些自我评价的时候总是会出现一些偏差，比如有的人总是把自己评价得趋向完美，而有的人则总是喜欢把自己评价得趋向失败。暂且不说这两种人是不是有着不同的生存观，就从这种评价对我们价值观的影响上来说，也是不妥的。

理由非常清楚，如果你将自己评价得过于完美，而实际上并没有如此完美，那么你很可能会出现自夸、骄傲自满、自负等消极情绪，使得自己的脾气变化无常，进而给自己的生活、工作带来一些不好的影响。同样的道理，如果你把自己评价得过于失败，那么就很容易出现自卑、自暴自弃的情况，同样会给自己的生活、工作带来一些消极的影响。

有一个非常著名的歌手在成名之后突然间觉得自己身边的朋友越来越少，甚至连以前最知心、最铁的哥们儿也渐渐地离开了自己。这让他感到非常困惑：自己到底出了什么问题？虽然他努力思考，但是没有结果，反而将自己弄得筋疲力尽。为此，他决定休息一段时间。第二天，他请了假，准备回老家与同学相聚，顺便巩固一下自己的人际关系。

在去聚会的路上,他打了一辆出租车。一路上,司机一直是一脸的冷漠,没有怎么与他搭话,只是放了一段戏曲,这使歌手非常气恼。

"难道自己的名气还不够大?出租车司机竟然不认识我?"歌手非常郁闷地想着。

临下车时,歌手问司机:"你为什么不放一些流行歌曲呢?"司机回答他:"我认识你,你不就是经常在电视里唱流行歌的歌手吗,你唱得是不错,但我从来没有认真听过,因为我不喜欢流行歌曲,我只喜欢听戏曲。"

突然间,这个歌手觉得很羞愧。同时,他也明白了,这个世界上不是所有的人都把你当成宝贝,所以你不要太自负,太把自己当回事,否则就会落得一个孤寡之人的下场。这也让他开始客观、公正地评价自己:我是不是有自己所认为的那样有成就;在很多事情上,我是不是做得很完美;自从成名之后,我是不是把自己看得太重了,处处都觉得自己高人一等,完全没有把别人放在眼里……歌手立刻发现了存在于自己身上的巨大问题:高傲、自负。

聚会的时候,他尽量表现得很低调,对同学很亲切,就像昔日上学的时候一样。是出租车司机提醒了他,让他摆脱了作歌星的高姿态,与同学融为一体。很显然,休假回来之后,这位歌手简直像换了一个人,而身边的朋友也渐渐都回到了他的身边。

认识自我,就是要客观地评价自己,认清自己的优势和劣势,发现自己与众不同的潜力:认识自己的生理特点,认识自己的理想、信念、价值观、兴趣、爱好、能力、性格等心理特征。通过对自我的深刻认识,会了解自己所具有的真正价值,从而把自己的价值发挥到极致。

那么在实际生活当中,我们该如何做才能客观、公正地评价自己呢?我们不妨借助心理学家日莫曼(B.J.Zimmerman)提出的著名的关于自我意识和自我监控的"whww"结构,即why(为什么)、how(怎么样)、what(是什么)、where(在哪里)。

1. why——为什么。

"为什么"即动机,是对是否参与所解决的任务进行决策,体现了个体内部资源的特性。如果你是一个情绪化很严重的人,即便你具有极高的智商,可如果在"为什么"这个维度有欠缺,也就是说,你缺乏成功的动机和欲望,那么,很难开发出你的智慧潜能。

2. how——怎么样。

"怎么样"即方法、策略,是对所解决任务的方法、策略进行决策,体现了个体计划与设计的特性。如果你在"怎么样"这个维度上有欠缺,就可能出现整天奔波,却总是事倍功半的情况。

3. what——是什么。

"是什么"即结果、目标,是对所解决的任务取得什么样的结果和达到什么样的目标进行决策,体现了个体自我觉察的特性。如果你在"是什么"这个维度上有欠缺,那么则不能合理地评估和判断事情的结果和结果对其人生的重要意义,以致成功会和你失之交臂。

4. where——在哪里。

"在哪里"即情境因素,是对所解决问题的情境中的物理因素和社会因素进行决策和控制,体现了个体敏锐与智慧的特性。如果你在"在哪里"这个维度上有欠缺,就可能对社会环境以及自己在环境中所处的位置缺乏足够的认识,容易高估或者低估自己的能力,从而导致自负或者自卑的消极情绪。当然,也会对你的情绪产生影响,让你的脾气变坏。

> 要知道世间万物皆有缺憾，万事不可求全，接受自己，不仅要接受自己的优点，也要接受自己的缺点，这才是真正的自己，只有这样才能控制住自己的情绪，掌控自己的人生。

接纳自我等于接纳人生的好运气

有些人之所以自卑，在于他们认为自己身上有这样那样的毛病，有无法接纳的缺陷，甚至为此自我唾弃、苦恼不已。但实际上，世界上没有绝对的缺点，只有眼光绝对的人。如果你一直无法接受自己的缺点，日日责怪自己，早晚会精神忧郁，神经紧张，生活灰暗无光，朋友越来越少，如此往复，快乐就会离你越来越远，心情越来越糟。

我们来看下面的一个故事：

伊笛丝·阿雷德从小就特别敏感而腼腆，她的身体本来就胖，脸又圆，使她看起来比实际还胖得多。伊笛丝的母亲很古板，她总是对伊笛丝说："宽衣好穿，窄衣易破。"而母亲总照着这句话来帮伊笛丝做衣服。所以，伊笛丝一直很自卑，从来不和其他的孩子一起去室外活动，甚至不上体育课。她非常害羞，觉得自己和其他人都不一样，完全不讨人喜欢。

长大之后，伊笛丝嫁给了一个比她大好几岁的男人，她丈夫一家人都很好，也充满了自信，可这并没有改变她害羞的性格。尽管伊笛丝做了最大的努力要像他们一样，可是她还是做不到。伊笛丝变得更加紧张不安，躲开了所有的朋友，情形坏到她甚至怕听到门铃响。

伊笛丝心里深深知道自己是一个失败者，又怕她的丈夫会发现这一点，所以每次他们出现在公共场合的时候，她只能假装很开心。事后，伊笛丝又会为这个难过好几天。最后她甚至觉得再活下去已经没有什么意义了，有了自杀的念头。

在现代社会中，对自己要求苛刻、追求完美的人绝对不在少数。要知道世间万物皆有缺憾，万事不可求全。接纳自己，不仅要接纳自己的优点，也要接纳自己的缺点，因为这才是真正的自己。对自己的缺点斤斤计较只会让自己陷入无穷无尽的烦恼之中。

小王是一位业务能力很强的部门经理，再难的事情到了他手里，似乎不费多大劲就能解决。所以他非常受上司的器重，他的薪水是全公司最高的，下属都非常尊敬他，其他部门的经理对他也很敬佩。他的妻子贤惠又漂亮，不久前刚生了个儿子。可是，后来听说他得了抑郁症，不得不辞职休息。

朋友都不理解，一个工作如意、家庭幸福的人怎么会得抑郁症呢？原来他对自己要求太苛刻了，他常常因为自己无法做到如他预想的那么完美而烦恼不已，对自己的苛刻慢慢地也转嫁到了员工身上，他抱怨自己的下属素质不高，不能尽职尽责，这让员工觉得压力很大，很影响他们的工作热情，而他自己则时时承受着不能达到预期目标的痛苦。他自己又不善于倾诉，时间久了，就患上了抑郁症。

我们不懂得接纳自己，对自己的缺点和错误斤斤计较，自然也会苛求别人，别人就不会喜欢我们，然后我们又会责怪这个世界。这是一个恶性循环，陷进去就难以自拔，带给我们的也将是无穷无尽的烦恼。

芝加哥大陆银行行长雷诺兹说："一个人必须对自己有信心，也就是说，必须清醒地认识到自己的优点和缺点。实际上，我认为，改变一个人的短处的第一步，就是让自己首先认识到它的存在。"

曾出任美国总统的罗斯福因为患脊髓灰质炎，腿部留下了严重的后遗症，但是他身边的人并不在意，甚至常常忘了他还有这么一回事。为什么呢，因为罗斯福自己也没将它当回事。

在罗斯福39岁时，腿部的疾患几乎让他无法正常行走，以至于很多人认为他会就此退出政治舞台。但是他为了争取艾尔·史密斯的提名，在民主党全国代表大会上发表"快乐勇士"的演说，还成功提名为纽约州州长，并且为了当选纽约州长在公众面前发表演讲。

演讲时，罗斯福想出了一些身体动作和行动方法来掩饰腿疾，以一个充满活力、热情和亲切感的形象赢得了公众的喜爱和认同，而很多人并不知道罗斯福还是一名残疾人。从纽约州长到国家总统，罗斯福始终以一种积极向上的状态、强壮有力的形象出现在众人面前。以至于在很多人眼中，很难将他同轮椅和上下车也要挣扎着用尽全力的残疾人联系起来。

接受自己的缺点，并且适当地忘记它，就像自己没有这个缺点一样，那么你就不会为此郁郁寡欢，自寻烦恼，而是腾出精力去做其他有用的事，这样你不仅能生活得快乐，并且还会取得更惊人的成绩。

如果一个人不能肯定自己的价值，那么意味着他是一个没有自信的人。一个不自信的人只能被别人的观点所奴役，心情也会随着别人的评价而起伏，甚至会在自卑的巢穴里越陷越深。真正接纳自己，才是快乐的源泉。

不管你当初所处的环境或者你的身份，在别人眼里是多么卑微，只要你自己不看轻自己，那么就没有人能真的轻视你！当你做到这一点后，你会有一颗勇敢、坚强而且上进的心，以此来化解内心深处负面情绪的尘埃。

任何时候都不要轻视你自己

埃莉诺·罗斯福说："未经你的同意，没有人能使你感觉卑微。"古希腊谚语也说："除了自己，没有人能够侮辱我们。"

每个人都有自己的优缺点，但是不少人不能正确地认识自我，通常会认为"我不行"。当他不断从心理接收到这样消极的暗示时，就开始不断地怀疑自己的能力，丧失信心，进而悲观失望，做事的时候，就会缩手缩脚，不敢倾尽全力。

大名鼎鼎的球王贝利，早已是无人不晓，但是他年轻时得知自己入选巴西最有名气的桑托斯足球队时，竟然紧张得一夜未眠。他担心那些著名的球星会笑话自己，那样自己多没面子，怎么有脸再见自己的家人和朋友？他甚至怀疑那些大球星与自己踢球不过是想用他们绝妙的球技，来反衬自己的愚蠢和笨拙，自己将成为被戏弄的对象，那将是多么难堪的场面……他因此辗转反侧，难以入眠。

这种前所未有的情绪折磨着贝利，以至于当他来到了桑托斯足球队的时候，内心的紧张和恐惧已经到了极点。他说："正式练球开始了，我已吓得几乎快要瘫痪。"他就这样战战兢兢地来到了这支著名的球队。

刚开始的时候，他还抱着幻想，以为自己刚进球队只不过练练盘球、传球什么的，然后便肯定会当板凳队员。谁知道第一次教练就让他上场，还让他踢主力中锋。贝利紧张得半天没回过神来，他感觉自己的双腿完全不听使唤，就像长在别人身上了似的。好在当他不顾一切地在场上奔跑起来时，渐渐忘了是跟谁在踢球，他好像又回到了故乡的球场上，逐渐找回了自己的状态。

其实，当初贝利在年轻的队员中绝对属于佼佼者，否则也就不会有后来那个在世界足坛上叱咤风云、称雄多年、踢进了1000多个球的一代球王贝利。可以肯定的是，那些明星丝毫没有看不起他的举动或者神情，相反，他们对他非常友善，是他自己看轻了自己，所以才备受精神上的煎熬。

这个世界上，只有你对自己的界定才最具有权威性。如果你自己认定自己是卑微的、无用的，那么你就真的会成为那个样子。反过来，不管你当初所处的环境或者你的身份在别人眼里是多么卑微，只要你自己不看轻自己，那么就没有人能真的轻视你！

伊东·布拉格是美国历史上第一位获普利策奖的黑人记者。小时候，他的家里非常穷，父母都是靠苦力为生。他一直认为像自己这样地位卑微的黑人是不可能有什么出息的。后来，是他的父亲改变了他的这一观点。

父亲带着他去参观凡·高故居，在他的印象里凡·高是位百万富翁，应该过着非常奢华的生活。但是，他看到的是小木床及裂了口的皮鞋，他问父亲："凡·高不是位百万富翁吗？"父亲说："不，凡·高是位连妻子都没娶上的穷人。"

第二年，父亲又带他去了丹麦，在看到安徒生的故居前，他一直认为安徒生是生活在皇宫里的,他困惑地问:"爸爸,安徒生不是生活在皇宫里的吗?"父亲说:"不,安徒生是位鞋匠的儿子,他就生活在这栋楼里。"

20年后,伊东·布拉格在回忆童年生活时说:"我一直认为自己这样穷苦的黑人是不会有出息的,好在父亲让我认识了凡·高和安徒生。这让我明白了,上帝没有看轻卑微,很多时候,是出身卑微的人自己看低了自己。"

自古就有"英雄不问出处"的说法,如果你是雄鹰,即便在鸡窝里长大,也改变不了你的本性,只要你不把自己看作是鸡,那么还是一只能够冲入云霄的鹰!

那些能够控制住自己的情绪，能够以一种平和的心态面对人生的人，不是他们没有缺点，而是因为他们在承认自我缺点和不足的时候，会去积极地发现并找到自己的优点。

发现并找到自己的优点

法国著名雕塑家罗丹说："世界上并不缺少美，只是缺少发现美的眼睛。"再平凡的地方也有美的存在，即便是在丑陋中，也同样能够发现美。在悲观者眼中，往往只看到自己的不足，将其视为自卑产生的根源，殊不知并不是缺点造就了自卑，而是他们没有一双正确看待自己的眼睛。

一个农夫每天都在自卑中度过，因为他认为自己一辈子都在当农夫，会被人看不起，还常抱怨命运对自己不公平，整天处在焦虑和忧郁中。

一个炎热的午后，他弯着腰在院子里清理杂草，炽热的太阳烘烤着大地，农夫热得大汗淋漓，便一边清理一边抱怨："可恶的草，如果没有它，我的院子该有多漂亮！"

他的话被他身旁的一棵小草听到了，于是小草说："是吗？可是我认为我们自己有很多用处啊，在土地干涸时，我们能阻挡强风席卷沙土；下雨了，我们能够保护泥土不被冲走，没有我们，你院子里的泥土就会被冲走，还会让你的院子布满沙土，你院子里的鲜花怎么能生长得这么好呢？何况你拔起我们的过程还是用我们的根耕耘土地呢！"

听到小草的回答，农夫一下子意识到了什么，一棵小草也没有因为自己的微小而自卑，为什么自己还要始终自卑于自己的身份呢，正因为我是农夫，所以才可以耕作土地，生产粮食，给人们提供生活必需品，我的作用是多么重要和关键啊！想到这里，他抬起头，对着天空露出了自信的微笑。

缺陷背后总是蕴藏着一些令人惊奇的优点，即便你有无数缺点都不会一无是处，更何况对我们来说，缺点常常屈指可数，那么就更不要为了它们而自卑。你越是重视那些不足，你就越会感到情绪低落、感觉自己不如别人。

自卑往往是由于人们缺乏自我肯定，习惯看到并放大自己的缺点，并且为掩饰所谓的"缺陷"而做各种努力，却对那些优点视而不见。

有个叫卡丝·黛莉的美国姑娘，她喜欢唱歌，并天生一副唱歌的好嗓子，从小时候起她就梦想自己长大后能成为一名歌星，但是由于长了一张阔嘴以及几颗龅牙，她总是觉得很难为情。每次演出时，为了掩盖那几颗龅牙，她都会极力拉长自己的上唇，但是这样的动作并没有起到什么效果，反而显得很可笑。

后来一位音乐人找到她说："你歌唱得很好，但你总在掩饰什么，是因为你的牙齿吗？"卡丝·黛莉不好意思地点了点头，这时音乐人又说："是龅牙又有什么关系呢？为什么要掩饰？观众欣赏的是你的声音。张开你的嘴巴，相信自己，观众会喜欢你的。说不定你这口牙会带给你好运气。"

接下来，卡丝·黛莉再也没有为自己的那几颗牙烦恼过，而是专注在演唱上，每次演出她都非常投入，她的嘴巴张了多大，连她自己也不知道，人们都为她的歌声所感动，她发现自己的歌声才是最吸引人的。后来，她成了美国顶级歌星。

要找到自己的优点，就要从肯定自我开始。上帝注定会制造一个与众不同的你，既然给了你缺点，那么也一定会给你惊人的优点，为什么要总盯在缺点上，却隐匿优点来否定自己呢？肯定你自己，你会发现自己还有很多优势。

肯定自我，睁大眼睛找出那些遗落在角落的优点，让它们成为你大脑的主旋律，看到自己的价值和作用，那么你将摆脱自卑，与自信和快乐干杯！

你的茫然、焦躁、忧虑……种种不良的情绪，只是因为你习惯了盲从，跟在他人的后面奔跑迷失了自己而已。

盲目跟从，最终失去的是你自己

德国动物学家霍斯特发现了一个有趣的现象：鲦鱼因为个体弱小，为了逃避危险，它们常常群居，并且让体型强健者当首领。但是如果将一条较为强健的鲦鱼脑后控制行为的部分割除后，此鱼便失去了自制力，它的行动也发生紊乱，但是其他鲦鱼却仍像从前一样盲目追随！

在我们的日常工作中，之所以在很多人身上出现怀才不遇的现象，很大一部分的原因在于他们也像那些鲦鱼一样，没有自己的主见与见解，只会盲目地跟随大流。比如说，对于工作中那些熟悉的问题，他们会下意识地对一些现成的思考过程和行为方式进行重复，久而久之，就形成了思想上的惯性，经常会不由自主地依靠已有的经验，按照固定的思路去考虑问题，而不愿意转个方向、换个角度想问题，最终一事无成。

有一个人，他的家人都是以画画为生，因此他也非常希望自己将来能像家里的其他人一样，将画画作为自己的终生职业。从小受家人的影响，他在画画上很有天赋，但是他有一个很大的缺点，就是他没有自己的主见，只会盲目遵从大家的意见。

有一次，他拿着自己刚画完的一幅作品给爸爸看，结果他爸爸看了之后撇撇嘴说："哦，这太僵硬了。"于是他便按照爸爸的意见进行了修改。结果他妈妈看了他修改后的作品说："亲爱的，这种飘忽的东西是没人爱看的。"于是他又采纳了妈妈的意见。

但是他的哥哥看了他的作品之后说:"哦,上帝,这是什么?是块木头吗?"于是他又赶紧按哥哥的意见进行了修改,结果他的姐姐看到了却说:"天哪,这简直是被染料弄脏的一张纸。"

他想讨好自己周围的每一个人,却唯独不想做自己,失去了主见。就这样,他将自己所有的时间都用在了对画作的修改上,到最后他也没能成为一名画家。

有三个人同时去一家大公司应聘,这三个人中间,有一个是具有五年工作经验的人,有一个是硕士毕业生,还有一个是应届毕业生。经过一番面试,公司的总经理决定录用那名应届的本科毕业生,放弃了具有高学历的硕士毕业生和那名具有五年工作经验的人。这到底是为什么?

原来,这名总经理在招聘的过程中用了一点小技巧,招聘即将开始的时候,他专门叫人搬走了办公室里的椅子,只留下一张给自己坐,但是在招聘的过程中,他却对三个人分别说着同一句话:"你好,请坐。"这三个人面对经理的话反应都各不相同。

第一名进去面试的是硕士生,他听了总经理的话之后,看了看周围,显得有点不知所措,略做思索之后,便谦卑地笑着说:"没关系,我就站着吧。"

第二名进去面试的是已经具有了五年工作经验的小伙子,他面对总经理的话,很自然地就说了句:"没事,我就站着吧。"

到了那名既没有工作经验,也没有高学历的应届毕业生进去面试的时候,面对总经理的话,他微笑着请示总经理说:"您好,我可以把外面的椅子搬一把进来吗?"

就是这样,总经理留用了这名既没有高学历,也没有工作经验的应届本科毕业生。

为什么对画画很有天赋的人最终反而没能成为画家，拥有高学历的硕士毕业生和丰富的工作经验的人竟然输给了一个刚走出校门的大学生？其实理由很简单，就是因为他们在行事的过程中，没有自己的思想，没有自己的主见，只知道盲目跟随大流。

在现代的职场之中，一个有主见的人比任何的高学识和丰富的经验都要有价值得多。想想，一个连自己内心的想法与见解都不能坚持和自主表达的人，能为公司创造出什么价值呢？

诚然，过去固有的思路和方法具有相对的成熟性和稳定性，它具有积极的一面。承袭前人的思路与方法，可以大大帮我们缩短和简化解决问题的过程，让我们更加顺利和便捷地解决某些问题。但是，我们不能一味地遵循那些老旧的方法，因为一些看似相似的问题，实则有极大的不同，如果我们没有联系问题的实际就盲目运用特定经验和习惯的方法，那最终的结果只能是浪费时间与精力，甚至妨碍问题的解决。

那么，我们究竟如何才能做到不盲目跟从，有自己的主见呢？

1. 多看多想，多总结自己的想法

在职场交际之中，虽然我们主张更多的时候是要善于倾听，但是这并不意味着我们只要听就可以了。因为我们在倾听的过程当中，别人的思维会在无意中进入到我们的脑子，"篡改"我们原有的思维，从而控制我们的想法。那么我们该如何抵抗这种"篡改"呢？最好的办法就是多看多想多总结，只要你具备了自己的想法，就不会对别人的话不加甄别地吸收。

2. 尽量避免人云亦云的情况

人云亦云是从众心理的一个外在表现。这些人在很多地方都是"跟屁虫",只要别人说什么,他们也就说什么,别人做什么,他们也跟着做什么。很显然,这些人没有属于自我的思维,也不具备自我的行动方式。长此以往,将会出现为别人而活着的可悲情况。所以,在任何时候,都应该记住一句话:不要人云亦云。

3. 不要盲目跟随别人,要有自己的主张

盲目地跟随别人其实就是一种盲从心理,喜欢盲从的人很少有属于自己的主张,他们总是喜欢对别人言听计从,从来不懂得自己去思考问题,遇到问题没有自己的主见。那么如何改变这种情况呢?很简单,给自己的盲从心理刹车,尽量依靠自己的想法、主张去解决问题,而不是事事都去问别人。

4. 扩大自己的视野,学会自己去判断

出现盲目跟从的现象,其中很大一部分原因是因为自己的视野不够宽阔,对很多事情既不懂也没有见过,自然很难判断准确,于是就按照大家的做法去做,毕竟很多人都会想:"大家都是这么去做的,错了也是大家的错。"由此可见,要想拥有自己的判断,就必须扩大自己的视野,多给自己长点见识。

大多的焦虑与愤怒源自一种茫然。人们在很多时候大发脾气，并不是真的遇到了什么困难或者问题难以解决，而是因为他们不清楚自己到底遇到了什么样的困难和问题，是一种单纯地情绪释放而已。倘若我们能真的清楚自我人生最为重要的是什么，自然也就会让那些莫名的焦虑和忧虑冰封瓦解。

知道自己想要的比什么都重要

生活在这个世界上，我们要的东西有很多很多。虽然人的欲望是无法满足的，但是任何人的欲望都有一个侧重点，根据这个侧重点，我们可以知道我们到底想要什么，是金钱、权力、地位，还是追求一种模糊的理想？或许很多人不明白为什么要搞清楚自己到底想要什么。其实答案很简单，我们只有明白了自己想要的东西之后，才能找准生活的方向、找到自己的舞台。

我的朋友乔戈曾经给我讲过这样一个故事。一次他去美国，打车去朋友家。司机是个中年人，有着一头金色的头发。他的衣着并不显眼，但是却给人一种精神抖擞、精明能干的感觉。朋友英语不错，于是便与他聊了起来，以解除旅途的烦闷。

那位白人司机很健谈，给朋友讲起了自己的经历：他年轻时对体育非常热爱，曾经梦想进NBA。但是后来却发现自己根本不是那块料。后来，他便进了一家大公司工作。但是他的性格一向自由散漫，尽管工作中表现得也相当不错,但还是因不能忍受公司的种种约束而退了出来。

后来,在一个朋友的鼓动之下,他又开始投资餐饮业,但是由于管理上的疏忽,自己辛辛苦苦创办的餐馆却在一场大火中化为灰烬。再后来,他又在家人的资助下经商。但是后来他却发现自己根本就不喜欢商场上的那种尔虞我诈。最后,他把那些产业交给自己的家人来打理,自己开起了出租车。

朋友听完他的这番讲述,替他感到惋惜。没想到那个司机却笑笑说:"经过了这么多的事,我才知道,最适合我的职位,可能就是个司机。我可以开着我心爱的车到处转,可以随心所欲。那种自由,是任何人都体会不到的。"

故事中的这位司机非常幸运,在经过了一些事情之后终于知道了最适合自己的是什么。可是我们身边的很多人,甚至包括我们自己,忙忙碌碌一辈子却不知道自己适合做什么、也不知道自己想要什么。故事中的司机想要随心所欲的生活,想要一种自由,于是他先后放弃了体育、生活、餐饮业、生意场……最终找到了司机的职业。那么我们到底想要什么,如何才能找到适合自己的工作或者生活方式呢?

1.列出自己喜欢和不喜欢的东西。

任何一个人都有自己喜欢的、不喜欢的东西。现在就开始在脑子中搜索一下,哪些东西是自己喜欢的,哪些东西或者生活方式是自己不喜欢的。比如我喜欢自由自在的生活,能到处旅游……我讨厌被人管着做事情,我不喜欢那种尔虞我诈的生活……要明白自己到底想要什么,这一步是最基础的,也是比较关键的。

2.根据自己喜欢的东西找到相对应的职业或者生活模式。

列出了自己喜欢和不喜欢的东西之后，接下来要做的就是根据自己喜欢的生活方式来找到相对应的职业、生活模式。举个例子：比如一个人喜欢自由自在的生活，那么他就可以选择业务员、调查员、自由职业者、个体小商户等相关职业。这些职业最大的特点就是自由自在，不必每天朝九晚五地坐在办公室办公。同样的道理，如果一个人喜欢旅游，那么就可以选择导游、旅游专栏作家等工作，既能满足自己的兴趣爱好，又能做好自己的工作。

3.对所选定的职业、生活方式进行衡量和筛选。

如果仅仅按照我们所喜欢的一种标准进行衡量，可能会选择出很多的职业和生活模式，因此，我们要再次对选择出来的职业、生活进行衡量好筛选。比如根据自由自在的标准进行衡量，会有业务员、调查员、自由职业者、个体小商户等相关职业可供选择，那么我们就应该再进行筛选，到底是选择业务员、自由职业者还是其他的职业。在这次选择当中，务必要选出一个最适合自己的、自己最感兴趣的职业。

4.确定自己的职业、生活方式，并立即去尝试。

既然自己想要的职业或者生活方式已经选定了，接下来要做的就是立即去尝试，在尝试的过程当中查看这份职业、这种生活方式是不是真的适合自己。如果确实适合，就踏踏实实地走下去，如果不适合，就抓紧时间重新选择，直到选到合适的为止。

对于任何一个人来说,当他们的心中有了希望,知道自己最终想要去什么地方时,他们才能真正地管得住自己,排除情绪的影响,有条不紊地朝着既定的方向前行。

找准自己的路,内心就坦然了

每个人的目标都是一样的:幸福的生活,但是要走的路却并不一定相同。有的人通过经商过上幸福的生活,有的人则通过从政、创业等过上了自己想要的生活。正所谓"条条大路通罗马",只要你找准自己要走的路,并且坚持不懈地走下去,幸福就会在不远处等着你。

既然幸福如此容易获得,可是为什么现实生活中却有很多人并没有找到自己的幸福呢?究其原因就是:没有找准自己的路,今天想经商、明天想从政,后天又想出国留学……一天一个想法,一天变换一种做法,那么他们永远都只能停留在离幸福最远的地方。

美国著名的石油大亨亨特曾在阿肯色州种棉花,却以失败告终。但他最后却成了世界上最有钱的人之一。很多人都问他:"你成功的秘诀是什么?"他说:"想成功只需要两件事:第一,看清楚你要的是什么,而大多数人从来不知道要这么做。第二,要有必须为成功付出代价的决心,然后想办法付出这个代价。"

在荒凉的撒哈拉沙漠之中,有一块1.5平方公里的绿洲。依傍绿洲,有一个名叫比塞尔的小村庄，人们祖祖辈辈、世世代代生活在这里。风沙漫天，资源稀缺，让他们过着艰苦的生活。其实，这里位于沙漠的边缘地带。从这里，只需要三天的时间便可以走出沙漠，到达水草丰美的地带。但是，令人感到吃惊的是，这里居然没有一个人可以走出这片沙漠。

　　1926年，英国皇家学院的院士肯·莱文来到了这里。他用手语与当地的居民交谈，结果人们告诉他，并不是他们不想走出沙漠，而是他们没有人可以做得到。无论从哪个方向出发，最后还是会回到原地。为了证实这种说法，莱文亲自做了这个实验。他从这个村子出发往北走，结果三天半就走了出来。但是为什么当地人就是走不出来呢？为了弄清原因，他又请来一个当地人为他带路。结果，10天过去了，他们还没有走出来。第11天的时候，一块绿洲出现在他们眼前，他们果然又回到了比塞尔村。不过，肯·莱文也终于弄清了当地人走不出沙漠的原因——他们根本不认识北极星。

　　后来，他告诉当地人，只要白天休息，夜晚朝着那颗最亮的星走，就一定会走出沙漠。结果，人们最后果然离开了那个祖祖辈辈生活的地方，过上了一种全新的生活。

　　比塞尔村的人因为不认识北极星所以在沙漠当中行走，很容易就找不准自己要走的路，从而迷失了方向。在我们的生活当中，如果没有一个明确的"北极星"——目标来指引我们的话，我们也很容易在前进的过程当中迷失方向，最终回到幸福起点，明知道幸福就在不远处等着自己，就是到达不了目的地。

　　那么，在我们的生活当中，该如何做才能通过自己的目标来找准自己的路呢？主要可以通过以下几个方面来进行。

1. 明确自己的前进方向。

所谓万事开头难，为什么开头难呢？因为开头是一个确定方向、目标的过程，需要做一系列烦琐的工作才能完成的过程。如果这个过程做得不到位，将会给自己接下来的行动造成很大的障碍。也正因为如此，我们经常说"好的开头就等于成功了一半"，试想一下，如果我们明确自己的前进方向，是不是就意味着成功了一半了呢？

2. 根据个性寻找属于自己的那条路。

世上的路千万条，并不是每一条都适合自己。我们所要做的就是通过自己的努力，精确寻找到属于自己的那条道路。那么我们如何才能精确寻找到这条道路呢？很简单：根据自己的特长、喜好来确定自己的性格，然后根据自己的个性特征来寻找。

举个很简单的例子：如果你爱好的是写作，性格有点内向，那么你就可以通过专栏写作、自由撰稿、媒体编辑等方式来谋取自己的幸福，那么写作就是你的道路。

3. 根据自己的梦想来寻找。

世界潜能大师安东尼·罗宾曾经这样说过："有什么样的梦想，就会有什么样的人生。"美国儿童文学作家、著名小说《小妇人》的作者露意莎·梅·奥心科特曾说过："在那远处的阳光中有我至高的期望。我也许不能达到它们，但是我可以仰望并见到它们的美丽，相信它们，并设法追随它们的引领。"依循梦想的方向，我们很容易就能找到属于自己的路。

在此我们不妨也举个例子：假如你的梦想是当一名救死扶伤的医生，

那么你的价值就会在医院病房里体现；如果你的梦想是当一个像杨利伟那样的航天英雄，那么你的价值就会在太空领域体现……

4. 停下来，抬头看看路。

可能你见到有些人每天都在不停地忙碌，很少有停下来的时候，但是却看不到他们取得的成就。原因是他们没有停下来，抬头看看路。或许对于他们来说，只要不让自己停下来就好了。只要不停下来，就是在前进，就是找准了自己的路。其实不然，这些人很容易陷入原地打转的迷魂阵之中。

所以说，我们不仅要为自己的梦想努力付出，也应该在适当的时候停下来，抬头看看，自己是不是找对了路。

03

选择好的心态,
坏脾气自然就少了

心态,不仅仅是我们对待人生的态度,同样也会影响到我们的心情和行为。如果我们总是以一种悲观、忧郁的态度去看世界,心情自然而然就会受到影响,长此以往,如果不能得以较好的疏解,便会在心中郁结,最终会让我们难以控制,演变成那给我们的人生带来诸多的不幸以及无法避免的阻碍的坏脾气。

> 甩开心理包袱，别再和自己过不去！勇敢伸出手，去拿你应得的那块蛋糕！佯装坚强，受累的只会是自己那颗孤独、脆弱的心。

别和自己过不去

和朋友吵架，你要求自己先去和好；被上司欺负，你还要求自己面带微笑。你说你不坚强，软弱给谁看？可是，你有没有发现，你的朋友都开始以为你大方宽容心地善良，却也因为这样，她们可以迟到爽约任性霸道，你却不可以有一点点不耐烦。这样才是你，被贴上好人标签的你，不会发脾气的你，人人说你好却人人都不在意的你。

你的上司没有因为你的好态度而赏识你，反而变本加厉——被压迫都能面带笑容，说明压力还不够，年轻人总该挑点重担，才能进步，所以别人偷懒翘班假公济私，你却不能出一点点差错。这样才是你，积极向上的你，勇往直前的你，工作做最多表扬得最少的你。

习惯了这样的你，在爱情上也是如此。全心全意地爱上一个人，只知道掏心掏肺地对他好。下雨了，不需要他来接送，生气了不需要他来哄。什么困难什么挫折什么小小难过，你都可以自己一个人扛。你以为这样的你聪明睿智独立优雅，没想到最后男人移情别恋，对你弃若敝屣。他说：永远不发脾气的女人就像白开水，解渴，却无味。你那么坚强，他在不在都一样。

即使是这样，你也不肯垮掉。你不向任何人诉苦，不大哭大闹，甚至不开口挽留。你潇洒地转身，华丽地走掉。直到一个人时才允许自己有些许的放松，可就算是一个人，你也鼓励自己，未来可以更好。

　　这个时候其实你需要朋友，但是在朋友眼中你一直是什么都懂什么都可以解决的人。你还没来得及说说自己受到的伤和痛，就先去为别人失恋暗恋错恋出主意想办法。朋友们都雨过天晴转哭为笑才想起来问问你怎么了，你却顿了顿，然后说什么事情都没有。于是最后，你终于成为一个无所不能的女人，阳光外向充满正能量，但是内心孤独。

　　只是一部电影，你看了为什么沉默？

　　最边上那对情侣靠在一起，女人在流泪，男人忙着递上纸巾，多和谐的画面！第三排那两个女孩，一起哭一起笑，青春多好！你看看自己周围空着的座位，发现自己像一座孤岛。你试着挤挤眼泪，却发现哭也是一种习惯，因为太久不哭，想哭的时候竟然哭不出来。你是那场电影里唯一看上去无动于衷的人，或许你心里也有小小的悲哀，只是没人看得出来。

　　你走在马路上，冬天的雪花像撕碎的情书，砸在人头上。所有人都行色匆匆，因为有一个方向叫作家。你为什么不着急？没人等待的家，就没有吸引力吗？"一个人也可以快乐"，书上这样说。可书里都是骗人的。一个人，只会让寂寞吞噬掉快乐。

　　你在地铁上，被人挤被人推，你躲你闪你怒目而视，惹了一肚子气却无处发泄。你独自走夜路，一个人吃方便面，你舍不得杀死一只蚂蚁，因为它是你唯一的伙伴。

　　你和自己打赌，和自己比赛，和自己商量讨论，甚至吵架。你对着远处大声喊：什么都打不倒我！然后在心里偷偷想如果这时候有个人肯发现你的逞强，愿意借你个肩膀，你是不是就此承认自己的懦弱？

　　可你还是没有，你只是蒙上被子大睡一觉，第二天又斗志昂扬地出现在人前。这样的日子一天天重复着。一次次夜里一个人拥着已经冰冷的棉被被噩梦惊醒，一次次走在陌生的街道上不知道行程，一次次想找一个人陪伴却打不出电话……

当坚强成为一种惯性，自己都不肯原谅自己偶尔的懦弱。不经意间就学会了演戏，演一个淡定、喜怒不形于色的女人。

有多久没有撒过一次娇？有多久没有大骂一次？有多久没有放肆任性？在这样的节制里，一天天老去。

其实大可不必。你不是女金刚，使命也不是拯救地球，所以嬉笑怒骂都是你。你，不必做仙女。

你有权利难过、不安和哭泣，你可以示弱、痛苦和无助。打不倒的是不倒翁，而你是女人。坚强不是刚硬，而是柔韧。

没必要和自己过不去，想哭就痛痛快快哭一次，想倾诉就痛痛快快说一次，想发泄就痛痛快快闹一次。就算撕掉了精心维系了很久的面具也无所谓，一个高高在上、完美无瑕的女人并不可爱。

做一棵树固然枝繁叶茂，可是木秀于林，风必摧之，反而做一棵草，更有春风吹又生的耐力。

一个人，时而刚强时而柔韧，该坚强的时候绝不气馁，该哭泣的时候绝不面带微笑，做最真实的自己，甩开心里包袱，勇敢做自己，不要再和自己过不去。

明明硬盘里塞满了干货技巧必背帖，

大脑里依然空空如也。

明明自拍修图老半天，

超高评论量却拯救不了现实苦瓜脸。

明明一天吃两顿夜里狂跑三圈，

前凸后翘还是渺茫又无期。

可气的是，身旁那些家伙，要么人美条顺气质佳，要么双双把人虐成渣。

你开始暗骂，做人真没劲，努力有什么用，否则，我怎会平庸至此。

焦灼、不甘、嫉恨、泄气……

这样的你，可真焦虑。

越抱怨越焦虑，不妨坦然一点

［身心掏空型焦虑］

最近有个热词总在刷屏——"空心病"。

虽是杜撰之语，它却折射出大学生们的群体浮躁：

孤独，情绪差，兴趣匮乏，感觉学习和生活没什么意义，无法建立深层亲密关系。

像身处于一个四分五裂的小岛，"不知自己该想什么，该做什么"。

如此一来，只有日日浮沉，身心掏空。

电影《黑天鹅》里的女主角Nina，是个典型的焦虑患者。

受原生家庭影响,她从小忍受母亲的"绝对控制"。长大后,Nina成了一个追求极致的舞蹈家,"姿势精准无瑕,却一直没有灵魂、没有自我"。

后来她终于有了机会——在《天鹅湖》中一人分饰两角。为了实现理想中的"完美",她既要保留白天鹅的矜持优雅,又要逼迫出本性的邪魅妖冶。

外部压力与自身矛盾之下,Nina幻觉频现,直至精神分裂。

片尾,是正式演出。Nina随音乐起舞、摇曳、谢幕。伴着掌声如潮,她却摔落舞台,卧躺血泊。

黑白天鹅终于不再搏斗。她死了。

从表面来看,Nina所患之心病——是一种能力焦虑。就像溺水之人。越乱扑腾,越易腿脚抽筋、下沉加速。

而事实上,能力焦虑的背后——往往是关于自我存在和自身意义的质疑。

这位腹黑女主正是如此。自始至终,她都背离着本心,鲜有几次觉醒,无不押宝一般,"尽数抛给了外界环境,以及母亲、老板、观众们的热切目光。"

对于缺乏生活掌控力、自我意义感的人而言:一旦努力无法消弭有关未来的不确定,那么些许敏感、比较、失衡、落差,便都会成为焦虑的"帮凶"。

得病的你我,概莫能外。

之所以"明知道"却"做不到",之所以手头事毕却内心空茫,之所以害怕失败压力山大……

说白了,是没弄明白"自己到底要什么"。源动力不足,眼前之物便如鸡肋,吃不讲,亦吐不出。

《霸王别姬》中关师傅说得很妙,"人要自个儿成全自个儿。"倘若把一生妥善安放于他人设定好的蓝图,你所痴妄的,也不过是他人眼前的风景。

日子久了，激情会撤，野心会碎，鸡血会馊。

身心掏空的你——

先要找到"真实的自我"。

[急功近利型焦虑]

咱生活的时代，也有病。

早起刷手机，你发现《毕业月薪十万是种怎样的体验》《上了985、211，才发现一无所有》之类的伪干货、牛人帖，昨晚便霸屏了朋友圈。

耳闻舆论场，你知道网红都靠脸吃饭，10万+阅读不算多，资格证是秒过的，少年当老总没啥可奇怪。

日益浮躁的社会，蔓延的功利主义，迷蒙双眼的你我。似乎都在刻意屏蔽着：万能传播链上，所有个例均能包装成典型，所有光鲜都可放大和伪饰。

众声喧嚷，唯你语塞。出名趁早，就你晚成。真恨不得啊，三天刷完一门课，节食减掉一身肉，摇摇约来一男友。

想要速效成功的野心越强，你越发看不起当下不求上进、泯然庸人的自己。

小时候看蜡笔小新，我老说，他爸爸真没存在感啊。

就像生活中的"大多数"，三十二年的房贷、挨不完的暴揍、加不完的晚班……日子过得苦兮兮。

然而，这老大叔成天就知傻笑，坦然得很。

工作不顺，他就想想身边老婆儿子，想想今晚看场球赛。心情不爽，只要手边有杯冰啤酒，烦恼就咕咚咕咚灌下去。

现在回想，小新爸爸很厉害呀。那种"生命要浪费在美好事物上"的人生哲学，他玩儿得很溜。

对咱"大多数"而言，或许平庸才是生活常态。

如果仅因所谓的"优秀""成功",逼着自己飙速前行不管不顾,抛却琐碎日子里所有静候和热爱——那压根不算上进,而是无谓之较劲。

小时候丢过的脸、走偏的路、考砸的分数;长大后没用的闲书、如梦的爱情、悔不当初的抉择……

也是经历,也是体验。也是你没辜负的好时光。

才二十岁啊——

还怕什么来不及。

[假性勤奋型焦虑]

此类焦虑者,往往自律力惊人。

平日铆足一口气,紧绷一根弦,很少懈怠和歇息。

像我有个朋友,他每天早出晚归泡图书馆,拼命三郎般考研考证、看书做题。偶尔碰个面,他要不左手刷题右手扒菜,要不就掏本单词书叽里呱啦。

大前天,他很突然地,说找我聊聊。

"真气人。考前两个月我就冲刺了,每天熬到两三点,卷子做了几十张。居然又不及格?你说改卷的是不是有毒……"

"我老觉得,身体不怎么听使唤。明明累得想休息,脑壳又往外蹦公式蹦大题。除了读书,其他好像没啥意思……"

刚开始,我挺同情,也挺佩服。听了好一会,我才反应过来,这哥们儿,分明是个"低品质勤奋者"。

用他原话说,熬夜大法好,苦读是个宝。

考四六级是滚动式抄背单词,学数学要一手刷题一手答案,不睡觉可以赶超别人多赢几分,减少外出就能修身养性保实力。

这恰好解释他为啥"越努力,越焦虑"。说白了,就是空有"忙碌的姿态",却没有"透彻的深思"。

你说勤能补拙没用？当然不，但也有前提啊。最起码，"勤"得用在真正棘手且更有价值的部分。

在伪用功者眼里，"收集信息"，无异于"获取新知"；"把书翻完"，意味着"我在进步"；至于"熬夜苦读"，会让自己"感动想哭"……

时间久了，难免形成思维上的"能力错觉"。

光上课不考试还好，可一旦假象戳破、高分梦碎，那真是欲哭无泪。

"这不可能啊，怎么才这点分？""唉，我当时怎么没多熬几夜。""原来这本书背两遍没用，起码三遍……"

就这样，深陷在否定自我、质疑环境的情绪怪圈。

有时候，不怕真穷，只怕伪忙。

不怕效率低，就怕动脑懒。

抱怨"越努力，越焦虑"的你——

不如缓缓。咱先深度思考。

其实，"焦虑"没那么可怕。

身心掏空，也许定位没准；急功近利，也许心态跑偏；假性勤奋，也许方法有误。

越是渴望摆脱焦虑的你，越要学会与焦虑共存。

适度了，它能当催化剂；

过度了，它就成定时炸弹。

你我的焦虑，

祝刚刚好。

> 你之所以不自信,感到焦虑、烦躁,并不是因为遇到的困难与挫折有多么的难以处理,恰恰是因为你缺乏信心,当困难与挫折出现在你的面前时,你难以平心静气地去面对。

相信自己,你就能成为快乐幸福的你

莎士比亚曾经说过:"假使我们自比泥土,那我们就将真的成为被人践踏的泥土了。"一个人无论在什么时候、什么地方都不要随便否定自己,不要说自己没有本事。放眼芸芸众生,我们只是沧海一粟,渺小如浩瀚大海中的一滴水。可是,渺小并不意味着可怜,不能因为渺小而随便否定自己。如果自己都随便否定自己,又怎么能要求别人来承认你呢?

一个人缺什么都不能缺自信,自信对我们的影响和塑造作用是巨大的。人没有自信,会变得心虚,到哪里都会变得畏畏缩缩,不能挺直腰杆做人。这样的人,到哪里都不会有出息的,不会获得别人的欣赏,不会取得事业上的成功。一个人如果没有自信,意志力会随时坍塌,整个人甚至也会从此垮掉。

李珊珊上的那所大学,在当地没有一点儿名气。即使这样,她来到这所大学的时候还额外地交了一笔钱,原因很简单,虽然这所大学没有什么名气,但是李珊珊的成绩比录取分数线低两分。这一点让李珊珊在以后的学习生活中感到有些自卑,总觉得自己不如别人。其实李珊珊并不比别人笨,只是学习上总是那么不尽如人意。不过,无论如何,她总算勉强毕业了。

毕业之后,她来到一家公司做文秘,试用期期间,她工作非常卖力,很快就转正了。公司对她的工作能力给予了肯定，但是在李珊珊看来，那好像只是一种安慰。因为她觉得自己做得并不怎么好。由于不敢面对自己的老板，所以她什么想法都不敢说出来，在公司例会上老板表扬她的时候，她把头埋得很低，好像害怕别人看到自己内心的秘密一样。

有一次正在上班，李珊珊突然听到经理在办公室叫自己。她心里有点疑惑：他叫我干吗？说实话，自从来到这家公司上班，她还没有进过经理的办公室，但是现在没有办法，只好忐忑不安地推门走了进去。"张总，您是找我吗？"她低着头，说话声音小得几乎听不到。

"不要这样，李珊珊，看上去你很紧张！"张总经理看着过于紧张的李珊珊，安慰着说道，"是的，我是找你，在你所整理的资料里面，有工商银行行长的电话号码，你把它找出来，然后给他打个电话，告诉他我明天将会去他那里。"

"天哪，让我去给一个行长打电话，我怎么做得了啊，我跟他怎么说啊，他怎么会想起来让我去打这个电话呢？他该知道我做不了的，该怎么办呢？"李珊珊愣在那里，显得非常忧虑。

"还有什么问题吗？"总经理看了一眼李珊珊，问道。

"我……我怕自己……打不了这个电话……"李珊珊的声音更低了。

"为什么？怎么会打不了电话呢？"总经理有些意外地问道。

"我也说不好，就是很紧张，怕自己说不好……"李珊珊红着脸回答。

"哦，原来是这样啊，没事的，李珊珊小姐，我让别人去做好了。"总经理说道。

这件事就这样过去了，有一次，公司来了一位客户，但是大家都非常忙碌，一时间脱不开身来接待这位先生。于是，总经理就让没有重要工作的李珊珊去接待。李珊珊实在没有办法，只好去了。在公司的会客室里，李珊珊紧张地给客人倒上水，请客人坐下，而自己却跑到门外站着去了。

当经理过来后看到这样的情形，立刻就明白是怎么回事了。

后来，李珊珊领取薪水时发现钱袋里多出了一张纸条，上面写着："李珊珊小姐，我对你缺乏自信的表现很不满意，你现在有两个选择，要么离开公司，要么就想办法让自己充满信心。"李珊珊拿着纸条，呆呆地站了很久很久。

李珊珊的苦恼，对于任何一位初涉职场的新人来说，都会遭遇到。其实，她完全没有必要这样对自己不自信，要知道在工作中缺乏自信的人是吃不开的，你越畏缩，你害怕的事情越会来缠上你。与其最终苦恼，倒不如一开始就放开自己，自由自在地大胆做事好了。即使一时做错了，也不过就挨一下批评而已，总比老是怕这怕那地活着要强吧。

> 大多数人内心中的不快,是因为忙而迟迟看不到结果。当我们学会计划,并且在做事的时候养成合理安排的习惯后,不但能减少因为缺乏计划而导致盲目行动,还可以因为看到希望而变得心情愉悦。

合理安排生活,心情方能舒展愉悦

做事没有计划、没有条理的人,无论从事哪一行都不可能取得好成绩。一个在商界颇有名气的经纪人把"做事没有条理"列为许多公司失败的一个重要原因。

李未是一位成功人士,当他的老同学还在为饭碗苦苦挣扎时,他已顺利地完成了由低级白领到高级白领再到金领的过渡。最让人羡慕的是,这一切似乎并没有像有些人那样牺牲健康和情趣孜孜以求,而是从容淡定、不哼不哈地就尽收囊中了。

有人欲探得其中奥妙,李未说,其实挺简单,换来这份从容的,也就是半小时。

李未说他刚参加工作时,和许多人一样,总觉得手头的事情做不完,业余爱好也丢了,人疲乏得要命,到头来还没落得个好结果。后来有一天,做了一辈子管理工作的父亲对他说:"你能不能试一试,每天早出门半个小时?"他看了父亲一眼,对父亲的话并未十分理解,但他决定试一试。

从第二天起,他开始比正常时间早半个小时出门。当他走到公共汽车站时,发现等车的人不多,上到车上,又发现有许多空位,比平时惬意多了。而且，由于还没到上班高峰期，交通也不堵塞，很快就到了目的地。坐在车上时，他就把一天的工作理了一遍。进到办公室后，同事们还没来，他在空旷的办公室里伸展了一下手脚，而后开始听音乐。

当同事们匆匆忙忙地打卡、手忙脚乱地开抽屉时，他的面前已放好了需要整理的材料，并泡好了一杯热茶。接下来的工作是有条不紊地进行。往往不到中午下班时间，他上午的工作计划就提前完成了。那么在剩下的时间里，他会憧憬一下午餐的丰富内容，并考虑午休时是和男同事们一起打球呢，还是陪哪个漂亮的女同事去逛逛楼下商店。

悠闲的午休结束后，下午的工作又开始了。由于早上在车上已有打算，头绪清楚，下午的工作又很顺手。下班铃声响之前，他把一天的工作小结了一下，看看有没有遗漏的或不周到的地方。如果有就赶快弥补，决不拖到下班后占用属于自己的享乐时间。这样，到下班时，当有些人还在手忙脚乱地忙乎，另一些人在疲惫不堪地打着哈欠时，他还是那样的神清气爽。没理由不高兴啊，工作完成了，家里还有妈妈做的丰盛晚餐等着，晚上还有好节目呢！

这就是他成功的秘诀：早出门半个小时。李未说他很感谢他的父亲，是父亲教会了他掌握时间和命运的主动权，用半个小时换来一世从容。

其实，细细分析李未成功的原因，最重要的还是因为他把生活安排得富有节奏感，当我们把一切都做得有条理后，不仅做起事来得心应手，更重要的是我们会一直保持心情的舒畅。

有一个商人，在小镇上做了十几年的生意，到后来，他竟然失败了。当一位债主跑来向他要债的时候，这位可怜的商人正在思考他失败的原因。

商人问债主："我为什么会失败呢？难道是我对顾客不热情、不客气吗？"债主说："也许事情并没有你想象得那么可怕，你不是还有许多资产吗？你完全可以再从头做起！"

"什么？再从头做起？"商人有些生气。

"是的，你应该把你目前经营的情况列在一张资产负债表上，好好清算一下，然后再从头做起。"债主好意劝道。

"你的意思是要我把所有的资产和负债项目详细核算一下，列出一张表格吗？是要把门面、地板、桌椅、橱柜、窗户都重新洗刷、油漆一遍，重新开张吗？"商人有些纳闷。

"是的，你现在最需要的就是按你的计划去办事。"债主坚定地说道。

"事实上，这些事情我早在15年前就想做了，但是一直没有做。也许你说的是对的。"商人喃喃自语道。后来，他确实按债主的想法去做了，晚年的时候，他的生意成功了！

事实上，做事有计划对于一个人来说，不仅是一种做事的习惯，更重要的是反映了他的做事态度，是能否取得成就的重要因素。因为养成这种有益的做事习惯和态度，我们不仅可以收获成功，而且还可以让我们每天都生活得从容不迫、快快乐乐。

事实上，很多的时候我们不少人就是因为做事缺乏计划性，而常常陷入纷繁的事务中无法自拔，以至于变得心烦意乱，心情越乱事情越没有头绪，这样的恶性循环往往把你的生活搞得一团糟。

现代生活中，每个人都可能遭遇挫折。面对困难和挫折，许多人常常会痛苦自卑、怨恨，失去希望和信心，甚至很容易心理失衡。很显然，再多的唉声叹气对于改变现实情况也没有用。要想真的改变现状，只有一条路可以走：用积极的行动来打败挫折。

别再因为挫折而唉声叹气

我们都知道，只有勇敢的人才能用自己的行动战胜挫折，取得人生辉煌。挫折不是用言语就可以克服的，只有通过自己坚强的努力，才能在黑暗里寻获灿烂的阳光和笑容。现实中，我们很多人就是因为害怕挫折，总是唉声叹气，进而使自己的人生在黑暗的世界里漂浮。

理查德·马克菲力从小酷爱运动。高中和大学时代，他几乎每样运动都尝试：足球、篮球、棒球、曲棍球和其他运动。他曾经梦想要从事体育教育研究，但是在史瓦斯摩尔学院读三年级的时候，正直学院的足球季节，他患上了小儿麻痹症，医生告诉他除非用手杖或其他的辅助工具，否则他将永远无法再使用他的双腿。

在马克菲力的情绪非常低落的时候，他的母亲鼓励他说："记住，我们过什么生活，并不完全是天意，而是由我们对生活的态度来决定的，这种态度使人们产生了很大的差别。看看这些伟大的人们吧，耶稣是个可怜的、无家可归的、被误解而最后被钉死在十字架上的人；贝多芬，他最伟大的交响乐是在他耳聋之后创作的；海伦·凯勒和其他的一些当代名人，也全都是从困境和不幸的生活里，勇敢地站立起来的。他们不顾环境束缚，能够毅然决然地苦干下去是因为他们拥有内在的精神和勇气。"

马克菲力的母亲在精神上重造了他的生命。他找到了人生的答案：人值得活下去的原因应该从自己所抱的态度和自己的精神特质里，而不是从外在的环境里寻找。生和死、快乐和悲伤、疾病和健康、爱和失恋，每个人遇到的问题都一样，但并不是每个人的结果都完全相同。有些人在挫折面前变成了碎片，在自怜自怨中融化，从而变成了拖累别人的重担；而有些人却能够承受挫折的打击，不顾身受的一切不幸，从事建设性和创造性的生活。挫折会对我们产生什么样的作用，将由它使我们在内心发现了什么来决定。

"命运并非总是由一手好牌来决定，往往是由善于处理一手坏牌来决定。"马克菲力牢牢地记住了这句话。

后来马克菲力成为宾州布克那乔治亚学校的校长、费城朋友中心学校的校长。同时，他还是一个极受欢迎的演说家。

其实和马克菲力一样勇于面对挫折的人并不少，并且也都体现了自己的价值。比如意大利杰出的小提琴家帕格尼尼在监狱里自得其乐，用破旧的小提琴练琴和演奏；波兰伟大诗人密茨凯维支在牢房里构思诗作，放逐途中创作了著名的《十四行诗集》。我国优秀田径运动员胡祖荣下肢瘫痪，不能在运动场上建立功绩，他便转向著书立说，编写了《身体训练1400例》和《撑竿跳高》两本书，同样为体育事业作出了贡献。

可是在现实生活中，还有很大一部分人正沉湎于挫折的痛苦之中，每天对着镜子自怨自艾，以泪洗面。很显然，挫折已经给他们造成了非常消极的结果。

> 你最亲近的人往往也是你最重要的人，就更应该去学会忍耐，带着爱去忍耐，那样的话，家庭就会少了争吵和伤害，所谓"家和万事兴"就是这个道理。

在最亲近的人面前，更要学会忍耐

小丁是办证窗口的一名工作人员，每天来找她办证的群众络绎不绝，面对不好说话、蛮不讲理的人她都能心平气和，并且面带微笑地跟办事人解释清楚。即使遇到办事群众对她大喊大叫，她都能做到处事不惊，依然十分平静地做好服务工作。

有一次，一位老板拿着一堆资料来找小丁办理企业营业执照。这位老板之前来过，由于资料不齐全，小丁让他回去了，并且很详细地告诉他还差哪些资料。他这次又来，小丁仔细查看了他带来的资料，还差一份申请表。

没办法只有再叫他回去准备好了再过来，没想到这位老板立马就发火了，扯着大嗓门说小丁业务不熟练，办个证要他跑几趟，还说小丁服务态度差、效率低之类难听的话。

小丁遇到这种情况，也没有急着辩白，而是继续耐着性子跟他解释。小丁有时很佩服自己，当众面对别人的指责和刁难，她都可以控制自己的情绪，没让自己的坏情绪也跟着点燃和爆发起来，跟别人一起对骂发火。可能一方面是因为工作的需要，另一方面她觉得没必要跟不相干的人着急上火。

可她就觉得奇怪，自己总喜欢把一些坏情绪留给最亲的人，特别是在爸妈、爷爷奶奶面前很容易发火，他们如果有一句话没有说好，她的火气立马就上来了。

用很重的语气跟他们讲话、甩脸子给他们看、对他们说的话当耳旁风；要么就是遇到自己心情不好时，他们再怎么嘘寒问暖，都不搭理他们，跟他们冷战到底……这些小丁在家里都是司空见惯了的，在自己最亲近的人面前她从来不克制也不掩饰自己的坏情绪。

小丁记得有次她带病上班，妈妈很担心她的身体，就打个电话过去，问她好点没有，有没有正常吃饭，工作忙不忙。

当时，小丁正忙得不可开交，有几个办事群众围着她团团转，她想喝热水的时间都没有。这时接到妈妈的电话，立刻气不打一处来，自己本来就忙，身体又不舒服，妈妈这时打电话来不是添乱吗？

"你别有事没事跟我打电话，我正烦着呢，"小丁用很重的语气跟妈妈说了这样一句就把电话挂了。

很多朋友都有这样的经历，每次跟家人发火后，就很后悔，觉得自己不该对自己最亲近的人那样乱发脾气，把坏情绪留给他们。大家都知道不管他们说什么、做什么其实都是为自己好，因为关心自己、爱护自己，他们才会在你面前唠叨，要求你这，要求你那。如果能设身处地为父母想一想，自己也许就不会着急上火乱发脾气，在最亲近的人面前就不会有那么多坏情绪了。

我们都有过类似的经历：我们在外面遇到不如意的人和事就回来把坏情绪发泄到自己的家人身上，事后，自己又很后悔这样做，因为这样不但伤害了自己最亲的人，自己的内心也会受到谴责和伤害，真是两败俱伤，根本没必要。

所以，我们要像忍耐自己不相干的人那样，在自己最亲近的人面前学会忍耐。前者我们的忍耐是不带感情的，那样很容易做到，因为他们对你而言不重要，所以你可以忽视。

对于已经发生的事情，过多的抱怨只会增加你的烦恼，脾气变得不好，对于事情的结局起不到任何积极的作用。既然如此，不如换个角度和思维，让自己释怀，继续微笑面对每一天中的每个人和每件事。

退一步海阔天空

[1]

有位老朋友出车祸，整个车头都撞坏了，幸亏人没伤。他回家一进门就向老母亲报告这个意外。

"真走运，"八十多岁的老母亲说，"幸亏你开的是那辆旧车，要是开你新买的奔驰出去，损失就大了。"

"错了啊，"我这老朋友大叫，"我今天偏偏就开了那辆新车出去。"

"真走运，"他老母亲又一笑，"要是你开旧车出去，只怕早没命了。"

"咦？你怎么左也对、右也对呢？"我这老朋友没好气地问。

"当然左也对、右也对。只要我儿子保住一条命，就什么都对。"

[2]

跟朋友一家人吃晚饭。

"家有二老如有二宝。"朋友指着同住的岳父母说。

"他说得好听，哪里是二宝？"老太太一笑，"是'二包'，是两个大包袱。"

"不，当然是二宝，"朋友说，"我有一个梦想，是将来跟女儿女婿一块儿住，让他们把我当宝，既然我这么盼望，就应该先把岳父岳母当宝。"

他十三岁的女儿突然大声叫道："我将来不要结婚。"

"那就更是了，我不能成为你的宝，就要把你妈妈的父母当成宝。"

[3]

看捷克影片《深蓝世界》，描写一批捷克飞行员在德军入侵之后，投效英军、加入战场的真人实事——二次大战结束了，身经百战、历劫归来的男主角回到故乡，去他未婚妻的家，先看到他寄养的爱犬，与那爱犬相拥。接着看到正在晾衣服的未婚妻。未婚妻已成为少妇，见到他先吓一跳，接着掩面哭了，说早听说他死在了战场。

男主角立刻懂了，背着沉重的背包转身离开，走出门，有个小女孩坐在篱笆旁。当男主角的爱犬跟着走的时候，小女孩喊："那是我的狗。"

男主角愣住了，先问那小女孩的名字，再对自己的爱犬说："不要跟我，留下来。"电影结束了。坐在一旁的女儿问："他为什么不带狗走？他已经没了未婚妻，狗是他的，他为什么不带呢？"

"他自己失去了，他不要那小女孩也失去。"我拍拍女儿，"而且，他能活着回到故乡，已经是上天保佑，谢天的时候就不应该再怨人。"

女儿一脸懵懂的样子。我笑笑："总有一天你会了解，天地原来可以如此宽广，爱原来可以如此豁达。"

忍一时风平浪静，退一步开阔天空。有一位哲人曾这样说过："一个人的价值和力量，不是在他财产、地位或外在关系，而是在他本身之内，在他自己的品格之中。"因此，以宽容之德孕育人生，人生才有价值，生活也会变得有意义，也会让自己少一份烦恼和怨气。

04

活得真实一点，
不浮躁的人不烦躁

有理想、有抱负的人，在我们身边有很多，但真正能实现理想、抱负的人少之又少，我们见到最多的却是那些有理想、有抱负的人在抱怨，说什么世界不公，说什么自己怀才不遇。之所以如此，是前者活得真实，能脚踏实地地去开拓自己的人生，后者则是因为多了一份浮躁，以至于难以静下心来去做好自己该做的事。

一个心里充满阳光的人，生活怎么可能拥有太多阴霾；一个整天面带微笑的人，日子怎么可能过得无比糟糕。

别让你的坏情绪爆棚了

[1]

昨天有条新闻：

一对大学生情侣同乘飞机，从重庆飞北京。登机之后，两人开始吵架。

女生说："我们俩可能不合适，冷静两天吧。"

男生怒了，说："我现在死给你看，你信不信？"

空乘过来劝阻："这是在飞机上，不要吵。"

男生已冲到应急舱门前，伸手开门，幸被空乘阻止。

飞机抵达北京，民警也到了，有请小情侣派出所继续吵。

男生被拘15日。他对民警解释说："我当时也没想真的跳下去，只是想吓唬吓唬她，当时特别气愤，直接越过她跑过去，然后拽了拽飞机舱门的那个把手，可能太过激了吧？"

对于是否想到过将机舱门拉开的后果，男生称，就是不太了解，要是了解怎么能做这种傻事，只能说吃一堑长一智，产生的后果自己还得承担，毕竟给飞机上的人带来了不便。

一起偶然事件，很难说清楚什么。不过另有文章称国人暴躁易怒，倒是说得有板有眼。

[2]

署名吕嘉健先生的微信：《我们如何走出躁郁性人格》。

文章称，吕先生有个外甥女儿，正在悉尼大学读大一，最近随母亲从澳洲来中国。

吕先生问外甥女儿：对中国最直接的印象是什么？

外甥女儿回答：就三条：

第一，无论什么人碰在一起就会争吵。

第二，无论什么事遇到就会抱怨和投诉。

第三，无论什么东西想要就会去抢和计较。没有看见过宽容和沉默低调的人。

她有证据。

[3]

第一件事儿是，她看到自己的亲戚在高铁上与前面座位的乘客，为了座位向后倾斜的问题，发生争执。

亲戚认为："你座位后倾，我们的空间就变狭窄了，感觉不舒服。大白天的你睡什么觉？"

前排乘客寸步不让："既然座位设置了后倾功能，就可以后倾。我想睡觉就睡觉，你管我白天睡还是黑夜睡呢？"

吵吵吵，谁也不肯让步。

最后，吕先生的外甥女儿跟亲戚们换了座位，这才勉强止住争吵。

第二件事儿是：一行人外出旅行，火车误点，超过半小时了。因为是在春运期间，增加了许多班次，火车们排队进站，前一列走了，腾出车轨后一列才能进。但是亲戚对此表示不理解，牢骚满腹，一而再再而三地去质问站台服务员，向服务员抱怨不休。服务员又能说什么？爱莫能助而已。

愤怒的亲戚，就不断打电话给铁路局调度室，投诉此事，却是越投诉越愤怒，在站台上犹如困兽暴怒，怒发冲冠，走来走去，自我折腾不休。

吕先生评价这位失控的亲戚，称：与其说ＴＡ们没有理解力，毋宁说ＴＡ们根本就不想去理解事理。

不想去理解事理之人——最近我也有碰到。

[4]

前段时间，我打开邮箱，清理垃圾邮件，忽然间看到条污言秽语破口大骂的邮件，大诧，急忙细看。

不曾想细看也看不明白，因为那不是第一条大骂信，是续前骂接着骂。

要想弄明白为什么骂我，得向前翻。我翻，我翻，我翻翻翻，连翻了十二封邮件，才找到骂头。

骂头是一封求助邮件，大意是十万火急，在线等。拜托大哥，你在线我可不一定在线呀，再说现在是微信时代，谁闲着没事趴邮箱里？求助者搞砸了老板的大客户，求助如何挽回。

求助者发出邮件之后，耐心等了8分钟——正正好好8分钟，不见我回信提供解决方案，就认定我是端架子不理他，于是连珠炮般向我开火，咒骂我势利眼、小人心，只理大老板不顾小人物死活……诸如此类。

可我已经好久没进邮箱了，就算我正好打开邮箱并回复，这问题也不是8分钟就能解决的。你以为打字不需要时间吗？

这么简单的道理，他居然想不明白。我对他老板充满了好奇，是什么样的老板敢用这种奇葩？

不知道求助者的年龄几何，但他的思维，绝不比三岁的婴儿更成熟。

[5]

暴躁易怒，是婴幼儿的特权。

相比于成年人，婴幼儿的认知世界，极为狭窄。

照顾孩子时，成年人的脑子里，同时装着几十件事，隔壁老王又在门前探头探脑，老板昨天又发脾气……这些事每件都非同小可，有一件处理不妥，就是天塌地陷般的灾难。这焦虑的功夫，孩子突然想要支棒棒糖，而你根本没心思出门买，只能说句：乖宝，咱们今天不吃糖，就舔舔昨天的糖纸好了。

可是在孩子心里，整个世界只有一支棒棒糖。

孩子也不是非吃糖不可，他只是向父母索求爱，希冀获取一种心理安全感，证实父母还在爱着他。

但是父亲漫不经心的回绝，让孩子的心，霎时间跌落万丈谷底。

于孩子而言，这不是给糖不给糖的问题，而是父母是不是还爱着他，是不是还愿意保护他。拒绝意味着爱的背弃，意味着安全感的彻底丧失。

为了安全，孩子必须拼力一搏——于是，这世上就有了熊孩子，他们在地上打滚撒泼，号啕大哭，全然不体谅父母的苦衷。只是因为成年人眼里微小的要求，是他们生活保证的全部。

每个熊孩子外表下，都有颗丧失安全感的心。

[6]

孩子易于哭闹，有些孩子甚至是不达目的誓不罢休。

这时候家长应该做的是，蹲伏身子，与孩子四目相对，柔声细语，平等对话。重要的不是说什么，而是这种交流时，带给孩子心里的安全感。

公众号心理公开课，有篇微信推文提到电视娱乐节目《爸爸去哪儿》中的细节。

这个细节是，演员刘烨带孩子寻找住的地方，在他询问村民时，孩子不停地打断他，让他无法与村民对话。稍倾，刘烨蹲下来严肃地说："爸爸在跟别人讲话的时候，不要一直打断，这是咱们家里一直在讲的，对不对？这不礼貌，这是对父母的不尊重，知道吗？"

这篇推文的作者评价说："刘烨与孩子的对话方式，让孩子既认识到了自己的行为错误，又不会有自己被抛弃的感觉。"

重复一遍，不能让孩子产生自己被抛弃的感觉。

如果为父母者，了解点孩子成长的心理常识，与孩子建立起信任式的沟通，孩子就会懂事明理，长大后成为一个能够体谅他人处境的高情商者。

但父母是门遗憾的艺术，往往是等你弄明白如何教育孩子，孩子已进化为熊孩子，并长成熊大人了。

[7]

熊大人虽然成年，但心里仍然是个熊孩子。在情绪控制上，他们仍然是懵懂的，无力自控的。

比如在飞机上和女友吵架的小男生，一言不合就开应急舱门，一点小事就寻死觅活。在他的心里，飞机里所有人的性命，都抵不上他的委屈感更重要，这是典型的熊孩子欠揍症。

虽然欠揍，但还是要和风细雨，拘留所先蹲15天，再等他成长几年，等到他心里的安全感不再缺失，这时候他就成熟了。

比如在高铁上与前排座位争吵、在站台上困兽般团团乱转的亲戚，这是典型的自我意识脆弱，需要外部世界的强烈认可，因此对否定性信号极为敏感，敏感到了把正常世界，曲解为对自我的否定。

对自我控制的无力，源自心智的不成熟，源自内心安全感的匮乏。我们需要学会控制自己的情绪，让自己的心理年龄与生理年龄同步成长起来。

[8]

朋友圈里，讨论控制情绪的微信文章，堪称海量，但效果，并不明显。为什么呢？因为，在情绪控制方面，大多数心灵鸡汤，都犯了两个错误：第一，情绪是无法控制的，它是一个人的心智状态；第二，情绪无法控制，但可以选择宣泄。你会注意到，即使是最暴躁易怒之人，他发脾气也是很理性的，他会冲着自己至爱的亲朋发火，肆无忌惮地伤害朋友亲人，但在忌惮的人面前，却是笑脸相迎。

以前有句话，叫上等人怕老婆，中等人敬老板，下等人打老婆。现在的表述更优雅一些，会这样说：我们都很容易犯同一个错误，对陌生人太客气，而对亲密的人太苛刻。

你不是不会控制情绪，你只是选择了对自己来说最安全的宣泄方式，而这种方式，却在伤害你与你周边的人。

[9]

一个人的人格中，无非是情绪与能力两个要素。能力越是不足，情绪含量就越高。能力不足，对环境的掌控就越弱，越是易于慌乱。情绪含量高，就会失控宣泄。所以人们说，弱者易怒，强者温和。

情绪是无法控制的，就算一时控制住，也会以更强的力度喷发出来。真正有效控制情绪的法子，是强化能力，降低情绪值。

人和人相比，其实没多大区别。每个人都是情绪化的产物，忽悲忽喜，有哭有笑。但人生的事业境界判若云泥，差别不在情绪控制上，而在于能力强弱上。

情绪要向自己的未来、目标喷射，可不可以对自己发个狠？人活一世，草木一秋，能不能认认真真活出点人样来？只为自己而活，只为自己这一世的生命负责？人死留名，豹死留皮，总不能任由时光蹉跎，到老来回首往事，恍然间泪如雨下：哎呀妈呀，我这辈子好像还没认真活过……没有经过思考的人生，不值得活，人生的意义就在于生命价值的深度开发，把暴戾和愤怒转向自己，为自己立一个值得追求数十年的人生目标。

因此，我们需要先有个大目标，追求高品质的人生。再把大目标拆分细化，分成一个个短期的小目标。小目标同样也需要发狠咬牙，如有位朋友，在他的床前贴了张标语：我今天要读十页《资治通鉴》！不过是十页书而已，每天十页，十天百页，一个月就是一本书，一年就是十二本书。又或是不读书，也一定要和最有见识的朋友聊聊天，每天进步一点点，没多久你就是个让人敬佩的进取者。

着手改善自己的环境，书房，或者是读书角，优化朋友圈。最成功的朋友圈，是每个朋友都比你优秀，耳濡目染，水滴石穿，渐渐地，你会发现，你生活的压力越来越小，因为你的生存能力越来越强。等到你能够胜任自己的人生，激烈的情绪才会缓和下来。

定时给自己充电，鼓气。人的天性，是易于怠惰的，行百里者半九十。经常会有坚持不下去，希望放纵自我的时候。偶尔一次放纵也无妨，但切莫忘了找回自己的路，需要形成从优秀再到优秀的良性环境，这时候的放纵，也不过是让心灵愉悦的人生闲趣。

暴躁易怒的人，只是无力面对现实环境。生存能力不足时，所谓情绪控制，不过是畏缩退忍，治标莫如治本，屈忍莫如进取。只有当你找回生命的尊严，为人生荣誉而战，在这过程中伴随你能力成长，心灵强大，那极不稳定的情绪，才会如风雨过后的水面，渐然趋于平静，呈现出美丽惊人的湖光山色。

无论你的理想多么的远大,倘若你不去行动,只是去想,那么你的未来就只剩下一个梦,你的人生也会变得困顿不堪。

别让不切实际的空想困扰了你

"我将来要怎样怎样""用不了多久,我肯定会成功的"……现实的生活中,类似这样的人不在少数。没错,人生需要梦想,但需要的并不是不切实际的空想。很多的时候,不少人就是因为沉溺在这些不切实际的幻想中迷失了自我,陷入低落的情绪之中,令自己的生命充满了种种不和谐,以及失意的音符。

北漂一族小黄出生在淮北的一个偏僻农村,家境贫寒。他大学毕业后,在一家公司找了一份普普通通的工作,但他内心早已厌倦了穷日子,他做梦都想发财,腰缠万贯、名车豪宅,他不止一次地幻想能够鲤鱼翻身,自己如何衣锦还乡,让周围人都投来仰慕的目光。可这一切迟迟没有到来,工作依然是平淡的,收入一直是微薄的,仅够交房租和吃饭而已,一日暴富的梦想还是迟迟不能来临。小黄太沮丧了,却手足无措,想象里的富有和现实中的穷困形成了巨大反差。他日复一日地重复着这样的生活。他感觉自己的工作和收入根本不可能致富,才干了几个月就决定辞职,他想找一个能快速致富的机会。

辞职后的小黄一下子陷入了迷茫之中。一开始他很想自己去创业,一会儿想开公司,一会儿想炒股,一会儿想买彩票,可一想到自己的钱那么少，干什么都缺钱，而且创业还有好多困难：场租、人员招聘、管理、销售渠道，等等。还有，万一失败了怎么办啊？万一欠了一屁股债，怎么还啊……想了好多，他犹豫不决，始终没敢去实践。

最后他看到郭敬明和韩寒写书挺赚钱的，就想靠写作来获得财富，可他的文笔一般，又感觉发表一篇文章实在是太难了。况且如果写那么长的小说，实在是太难把握，自己缺乏那个耐心，于是他迟迟未动笔。

日子就这样一天天过去了，他每天在网上打发时间，下了网也许会自责，也经常会幻想自己的风光生活。但是眼看着手里攒的钱一点点花完了，他心里很焦躁，却又无可奈何。他最后只好出去打零工，不停地换工作，他的朋友有的通过贷款创业事业有成，买了房；有的工作努力，晋升很快，收入不错……可是他却始终工资微薄，后来他甚至"专心致志"地研究起了彩票，从始至终，都没有认真去工作，去设定个目标并为之努力奋斗。于是，他所幻想的生活也就成了海市蜃楼，永远无法企及，他的美好蓝图也都成了泡影。

毕业几年后，他一直生活在不着边际的空想之中，始终没有摆脱贫穷，甚至一度连房租也交不起了。最后，不得已回到了家乡的一个小镇谋生去了。但我仍担心，他即使到了消费水平低的小城镇，如果不改变思维，依旧靠空想来度日，脚下的路也是很难走的。

其实，幻想好一点的生活并没有错，关键是想过以后，能否去努力实现，而不是不着边际地寄希望于外界。如果说那些成功者也都有过梦想的话，他们是在产生梦想后，就扎扎实实地努力实现梦想。成功者之所以成功，正是因为他们脚踏实地的奋斗。

古时候，有位秀才久考不中第，但他总不死心，到了第三次进京赶考，住在一个经常住的店里。考试前两天他做了三个梦，第一个梦是梦到自己在墙上种白菜，第二个梦是下雨天，他戴了斗笠还打伞，第三个梦是梦到跟心爱的表妹脱光了衣服躺在一起，但是背靠着背。这三个梦似乎有些深意，秀才第二天就赶紧去找算命的解梦。算命的一听，连拍大腿说："你还是回家吧。你想想，高墙上种菜不是白费劲吗？戴斗笠打雨伞不是多此一举吗？跟表妹都脱光了躺在一张床上了，却背靠背，不是没戏吗？"

秀才一听，心灰意冷，回店收拾包袱准备回家。店老板非常奇怪，问："不是明天才考试吗，今天你怎么就回乡了？"

秀才把自己做的梦和算命先生的话如实说了一遍，店老板乐了："哟，我也会解梦。我倒觉得，你这次一定要留下来。你想想，墙上种菜不是高种吗？戴斗笠打伞不是说明你这次有备无患吗？跟你表妹脱光了背靠背躺在床上，不是说明你翻身的时候就要到了吗？"秀才一听觉得有道理，于是精神振奋地去参加考试，居然中了个探花。

秀才回来去感谢那个店老板，说："多亏老板的指点迷津，才能使我高中探花，您老是我的再生父母。"

店老板笑了，说："你以为我给你解的梦是有根据的吗？我不过是信口胡诌而已。其实，梦里的东西都是虚的，只有你踏踏实实地去做才是实的。"

空想是一种消极的人生态度。有句话讲得好，积极的人像太阳，照到哪里哪里亮；消极的人像月亮，初一十五不一样。由此看来，一个人的想法支配着他的生活，有什么样的想法，就有什么样的未来。放弃不着边际的空想，对一个人的成长是有着非常积极的作用的。

我并不是一味地否定幻想，而是否定不着边际的空想。机遇从来都是垂青有准备的人，当空想者和实干家站在同一条起跑线上时，空想者永远都是那个等待机遇来眷顾他的人，而实干家就会先跑一步，主动抓住机遇去实现自己的目标。

眼高手低的人，难以认真地将一件事做好，从而无法取得满意的成果，必然会对人生充满种种抱怨，成为失败者。

一定要摒弃眼高手低的恶习

在我们的日常工作和生活中，经常会出现这样两种不同的做事态度的人：一种是不想做小事的人，一种是做不好小事的人。大事做不好、小事不想做，是第一种人的写照，他们对一般小事不愿做，不加理会。第二种人愿意做小事，但在意识里将小事做好的要求和标准下降，变得敷衍了事，漫不经心。这两种情况都是不可取的，结局一定是万事皆败。

现实中不乏这样的人，他们在求职时念念不忘高位、高薪，对自己说：英雄需有用武之地；然而当他们走上工作岗位时，就会对自己说：如此枯燥、单调的工作，毫无前途，不值得自己付出心血！当他们遭遇困难时，通常会说：这样平庸的工作，做得再好又有什么意思呢？渐渐地，他们开始轻视自己的工作，甚至厌倦生活。

事实上，那些在事业上取得一定成就的人，无不是在简单的工作和低微的职位上一步一步走上来的，世界上有着成千上万个富有理想的人，但是成大事者只有寥寥数人，因为大多数人在眼高手低的毛病中把机会扼杀了。很多人渴望发现自己的价值、渴望成功，却总是在苦思冥想，而不是从简单的小事做起，不屑于做日常工作中的琐事。其实上司考察自己的下属，通常是从小事上着眼的。

有一位刚刚从美国读完MBA回国的男青年，毫不费力地进了一家世界500强企业的上海办事处,老板刚开始总把一些鸡毛蒜皮的小事交给他做,他有点不满意,在一次计划书的招标会上,他把自己熬了几夜精心准备的材料交了上去,一心以为可以博得老板的赏识。没想到会议结束后他就收到了人事处的解聘通知。原来,他因为不在乎那些鸡毛蒜皮的小事,总是马马虎虎、草草了事,把进口和出口搞反了,使公司在利益和信誉上蒙受了双重损失。

可见,无论你的上司交给你的事多么零散,多么细小,或者根本不是你分内的事,你都要及时地、充满热情地处理好,给上司一个满意的交代,即使上司不再追问,也不可不了了之,一定要给上司一个满意的答复。只有这样才能逐渐得到上司的信任和肯定,才会有做大事的希望。美国青年华盛顿·卜克的做法可以为我们提供更大的启示。

华盛顿·卜克是一个黑人青年,他年轻的时候,去清水的一所学校就读。入学时见他的是一位女职员,因为他的衣服褴褛,不肯收他。他独自坐在那里几个小时之久,那位女职员感到很稀奇,便告诉他说学校有一间屋子,需要人打扫,问他能否做这件事。卜克喜欢极了。

他殷勤地擦洗地板,擦拭桌椅,把那间屋子打扫得没有一点尘垢。过了一会儿,那位职员来到这间屋子里,拿出雪白的手帕擦拭桌椅,白手帕上竟没有一点污秽,便允许卜克入校读书。

那个女职员就是要借着这件微小的工作试探一下华盛顿·卜克的人品,看看他是否谦卑,是否勤快,是否能做好这件小事。

这个青年人后来果真成就了大事,兴办黑人的教育事业,不仅受到千万黑人的爱戴,而且受到千万白人的尊敬。当他打扫那间会客室的时候,一定没有想到那么小的一件事情与他的前途有这样大的关系。

有人说主动承担打扫卫生、整理办公室、泡开水等具体琐事,是大学毕业生走上岗位的第一课、必修课，这不无道理。事实上，往往就是这类看似不起眼的日常小事给人留下的印象最深，领导之所以不放手让你单独做大事，是因为他还不能肯定你是否具备这样的实力。有时候，一些精明的主管在提拔你之前往往会用几件小事来考察你的工作作风、办事能力，以及是否有眼光。这其中有一个从量变转为质变的过程，万万不可操之过急。

有一位女大学生，毕业后到一家公司上班，只被安排做一些非常琐碎而单调的工作，比如早上打扫卫生，中午预订盒饭。一段时间之后，女大学生便辞职不干了，她认为她不应该蜷缩在厨房里，而应该上得厅堂。

这个女大学生无疑是有着远大理想的，可是一屋不扫何以扫天下？许多人内心充满了激情和理想，他们走出校园后，总是对自己抱有很高的期望，认为自己一开始工作就应该得到重用，就应该得到相当丰厚的报酬，在求职时只要求高位、高薪，喜欢在工资上相互攀比，工资似乎成了他们衡量自我的唯一标准。其实这种想法只会害了自己。

一个普通的职员，即使有很好的见解和能力，真正受到重用也要经过一段时间的磨练，不可能立刻绽放光彩，而吸引上司注意力的唯一方法就是兢兢业业地做好每一件小事，不要嫌弃工作细微，没有发挥才智的空间，只有在小事上做到让上司满意，他才可能让你去做大事。

因此，无论在做什么事情时都要改变心浮气躁、浅尝辄止的毛病，注重细节，从小事做起，把小事做细。不要让眼高手低束缚了你的手脚，如果你想要获得与众不同的人生，那么你就要不断调整自己，在一些细小的事情中找到个人成长的支点，不断调整自己的心态，用恒久的努力打破瓶颈，成为一个真正具有办事能力的人才。

心情浮躁的人，是很难真正静下心来去做一件事的。他们对于身边的人和事总是会有着这样或者那样的抱怨，却不知在抱怨中让宝贵的时间白白流失，让原本可能的成功成为泡影。

拒绝浮躁，才能找回内心的沉稳

眼下，在白领阶层存在着一种"围城"的心态，很多刚参加工作的大学生在和自己同学交流的过程中，都表现出对目前工作的不满，甚至对别人的离职特别不了解，认为那么好的工作怎么会离职呢，这就是一种"围城"的心态。里面的人想出来，外面的人想进去，一山望着一山高。人们都一直在向外思考，而没有向内去思考自我，没有站在企业和社会现实的角度去考虑一些问题。这是一种典型的浮躁心态。他们不去认真思考究竟是自己的问题还是企业的问题，没有沉下心来踏踏实实地干一段时间，再回头看自己的过去。

我想，当你一旦真正融入企业之后，也许就会重新找到自己的定位，发现自己的价值。如果工作一段时间后，你发现这种工作的确不适合自己，那么你可以重新去选择，这样，你至少可以清楚地了解自己下一步到底应该找什么样的工作，让你的选择不再盲目，从而才会有一个更好的人生选择。这就需要放弃浮躁，找回沉稳。

美国独立企业联盟主席杰克·法里斯曾向人们讲述了他的个人经历。13岁时，杰克初次参加工作，在父母的加油站干活。父亲负责修车，母亲负责记账和收钱。杰克急于想学修车，但父亲让他在前台接待顾客，说："儿子，汽车总在变化，而人却不会，你需要先学会了解人。"

当汽车开进来时，杰克在车子停稳前就站在司机门前，忙着检查油量、蓄电池、传动带、胶皮管和水箱。除此之外，他总是会多干一些，比如负责擦去车身、挡风玻璃和车灯上的污渍。杰克注意到，如果自己干得好，顾客还会再来。每周都有位老太太开车来清洗和打蜡，她车内的地板凹陷极深，因而很难打扫。老太太又很难应付，每次清洗完毕后，她都要再仔细检查一遍，若不满意便让杰克重新打扫，直到一尘不染她才满意。杰克实在不愿意再待候她了，但父亲告诫说："孩子，这是你的工作，不管顾客说了什么或做了什么，你都要记住做好你的工作，并以应有的礼貌去对待顾客。"

杰克就是在父亲的引导下放弃了急于学艺的浮躁，从最基础的事情踏踏实实地做起，才成就了日后的成功。其实，大凡优秀的员工都是拒绝抱怨的人，他们能从工作中学到比别人更多的经验，而这些经验便是他们日后发展的垫脚石。

成功者与其他人有一个最明显的区别，那就是无论何时都拒绝浮躁，保持着沉稳的心态，并带着激情去工作。他们即便是从事着最卑微低下的工作，对前途也充满着期望；对自己充满着自信；对自己的事业有着远大的理想和抱负。因此，在工作中，他们时时保持心情愉快与豁达。当一个人带着沉稳的心态，充满激情地工作时，他获得成功的概率和被老板重用的可能性就更大。

有一次，美国作家菲尔普斯走进一家袜子专卖店，一个不到17岁的少年店员迎面热情地问道："先生，您要什么？您是否知道您来到的地方是世界上最好的袜店。"

那个少年从货架上拿下一只只盒子，把里面的袜子全部展现在菲尔普斯的面前,让他逐一挑选。

"请等一等,小伙子,我只需要买一双!"菲尔普斯有意提醒他。"这我知道,"少年说,"不过,我想让您看看这些袜子有多美、多漂亮,真是棒极了!"少年的脸上洋溢着庄严和神圣的喜悦之情,像是在向菲尔普斯展示他所信奉的宗教的玄理。这个少年的表现立刻激起了菲尔普斯的兴趣,他把买袜子的事情抛在脑后,略微犹豫了一下,对那个少年说:"小伙子,如果你能天天这样,把这种热心和激情保持下去,不到10年,你将会成为美国的短袜大王。"正如菲尔普斯所言,不到10年的时间,这位少年就已成了美国家赫赫有名的短袜大王,而成就他事业的关键,就是务实的心态和工作的激情。

我看过许多名人传记和励志方面的书籍。从他们这些成功者的身上,我看到了一个共同点,那就是他们都会拒绝浮躁,选择沉稳。那些名人先前也大都是凡人,只是他们经过百折不挠、执着而艰辛的努力奋斗后,才功成名就的。

荷兰科学家列文虎克年轻时只是小镇上的一名门卫而已,但他不好高骛远,扎实工作,心不浮躁,很是沉稳,一干就是60年。在这漫长岁月中,他有自己的人生追求,一有时间就不停地打磨手中的镜片,孜孜不倦,也磨了60年之久。终于有一天,他用自己精心打磨出的凹凸镜片观察生物,居然发现了微生物。一时间,这个发现震惊了世界!1702年,他被著名的巴黎科学院授予院士。列文虎克之所以成功,其关键是他一生孜孜不倦做一件事,从不半途而废,并保持着沉稳心态与执着追求的精神,这一点很值得后人学习。

有一次,我在天津的一家自行车公司参观,一位叫王敏智的公司老板这样对我说:"如果有人问我评价一名员工是否优秀的第一条标准是什么,我会说两个字——实干。"因为他的成功也是实干出来的,十年前,他用2万元资金创业,先是卖自行车,后是组装自行车,到后来创办自行车厂,现在已经有数亿元的资产。他最清楚什么样的人才是人才。那些浮躁的人,即使智商再高,他也不会用。

也许有人会说业绩才是硬道理,那么我想问:"如果没有沉稳的实干精神,哪里会出来业绩呢?即使这名员工现有的业绩比较理想,如果离开了实干,业绩还会继续提升吗?"有的人说执行力强是第一位的,我个人认为:所谓的执行力强是针对其所负责的领导而言的,离开了实干,执行力强也只不过是拍马屁或形式主义罢了,甚至是阳奉阴违。

中国有句古话:光说不干假把式!的确,一个人要想获得某些事业或某项研究的成功,没有执着的精神,良好沉稳的心态与不懈的努力实践,是不可能有所成就的。关于执着与沉稳的故事,我国古代也有"只要功夫深,铁棒磨成针"的典故,激励着许多后人,创造了事业的辉煌。这说明了放弃浮躁,找回沉稳的真谛是成功之道,值得我们去探究与发扬。

心急，图快，尽快地实现自己的人生目标，把该做的事做好，是现今人们常有的一种心态。但在这里需要告诉你的是，有些事是急不了的。太过于焦急，不懂得等待，不仅仅不能把该做的事做好，还会让我们变得焦虑、烦躁。

人生，有时需要等待

有这样一则寓言：一个小孩在草地上发现了一个蛹，他把蛹捡起来带回家，要看看蛹是怎么化成蝴蝶的。过了几天，蛹的身体上出现了一道小裂缝，里面的蝴蝶挣扎了好几个小时，身体似乎被什么东西卡住了，一直出不来。小孩于心不忍，心想：我必须助它一臂之力。于是，他拿起剪刀把茧剪开，帮助蝴蝶脱茧而出。然而，这只蝴蝶的身躯臃肿，翅膀干瘪，根本飞不起来，不久就死了。

从这个寓言中我们不难看出"揠苗助长""欲速则不达"的真谛。瓜熟蒂落，水到渠成，蝴蝶必须在蛹中痛苦挣扎，直到它的双翅强壮了，才会破茧而出。

图快，则达不到预期目标；只顾眼前利益，则办不成大事，我们可以看看下面这个古老的阿拉伯故事。

很久以前，有一个到欧洲去卖货的阿拉伯商人，他的生意很好，他带去的一马车货物没用几天时间就卖完了。他喜滋滋地给家人买了些礼物装进马车，赶车回家。归心似箭的他，日夜兼程，深更半夜他才住店休息，第二天一大早又忙着赶路。店主帮他把马牵出马棚时，发现马左后蹄的铁掌上少了一枚钉子，就提醒他给马掌钉钉。商人说："再有十天就到家了，我可不想为一枚小钉耽误时间。"话音未落他就赶车走人了。

两天后，商人路过一个小镇，被一个钉马掌的伙计叫住："马掌快掉了，过了这个镇可不容易再找到钉马掌的了。"商人说："再有八天我就到家了。我可不想为一个马掌耽误功夫。"离开小镇没走多远，在一个人烟稀少的地方，马掌掉了。商人想："掉就掉了吧，我可没时间再返回小镇，就要到家了。"

走了一段路之后，马开始一瘸一拐起来。一个牧马人对他说："让马养好脚再走吧，否则马会走得更慢的。""再有六天我就要到家了，马养伤多浪费时间呀。"他回答。

马走路更跌跌撞撞了，一个过路人劝他让马养好伤再继续赶路，可他说："老天，养好伤得多长时间？再有四天我就要到家了，别耽误我与亲人见面！"

又走了两天，马终于倒下了，一步也走不了了，商人只得丢下马和车子，自己扛着东西徒步回家。

结果，马车需要走两天的路程他走了四五天，到家的时间反而比预定时间晚了两三天，真是欲速则不达。

许多时候，我们做事时权势不如人，机会不如人，我们就不得不等待时机。隋朝的时候，隋炀帝十分残暴，各地农民起义风起云涌，隋朝的许多官员也纷纷倒戈，转向农民起义军，因此，隋炀帝的疑心很重，对朝中大臣尤其是外藩重臣，更是易起疑心。

唐国公李渊曾多次担任中央和地方官，所到之处，悉心结纳当地的英雄豪杰，多方树立恩德，因而声望很高，许多人都来归附。这样，大家都替他担心，怕他遭到隋炀帝的猜忌。正在这时，隋炀帝下诏让李渊到他的行宫去晋见。李渊因病未能前往，隋炀帝很不高兴，多少有点猜疑之心。当时，李渊的外甥女王氏是隋炀帝的妃子，隋炀帝向她问起李渊未来朝见的原因，王氏回答说是因为病了，隋炀帝又问道："会死吗？"

王氏把这个消息传给了李渊，李渊更加谨慎起来，他知道迟早为隋炀帝所不容，但过早起兵又力量不足，只好隐忍等待。于是，他故意广纳贿赂，败坏自己的名声，整天沉溺于声色犬马之中，而且大肆张扬。隋炀帝听到这些，果然放松了对他的警惕。这样，才有后来的太原起兵和大唐帝国的建立。

假如李渊当初听了隋炀帝的话，怒火中烧马上与之理论或采取兵变，很可能会因为准备不足，时机不成熟而失败。一旦失败，则永无机会从头再来了。

> 只有当我们朝着既定的方向前行，人生才不会迷航。那些不轻易被情绪所困扰、被坏脾气牵着鼻子走的人，他们就是如此。反之，那些这山望着那山高、不断地换目标的人，他们只会盲目奔跑，永远难以登上山顶看到怡人的风景。

这山望着那山高，永远无法登高峰

俗话说"人往高处走"。在人生的旅途中向"高处"奋斗是非常必要的，但是，如果缺乏相对固定的目标，缺乏耐心，这山看着那山高，频繁更改自己的目标，那么最终往往是无法"登高"，只能让自己的人生变得更为茫然、焦虑，最终停留在对成功的渴望之中。

谢科是个有理想的年轻人。自从大学毕业后，他就先后在北京、上海、深圳等几个大城市闯天下，寻找创业的机会。但是，5年一晃而过，他除了几次失败的经历外，不名一文，没有任何一点称得上成功的东西。

5年来，谢科先后做过国有大型企业的职员，做过记者，做过销售，开过小超市，经营过文化公司，但他这山看着那山高的毛病使他不停地转行，最终却都无一例外草草收场。

两年前，谢科找准了一个旺铺，租下门面，开起了一家小超市。他认为，此处的人流量大，每天的售货量肯定不小，肯定能够赚到很多钱。但事情并非像他想象的那样，由于他的超市没有什么名气，人们一时还难以信任他超市里商品的品质。因此，他每天的营业额并不多。除去成本后，他一个月的收入还没有做销售时挣的钱多。于是，他后悔自己盲目去经营超市，盲目去寻求其他挣大钱的机会，便将自己的超市转让给一个朋友。

转行后，他看到文化市场比较火，有的畅销书能卖上百万册，挣上千万，自己是名牌大学中文系毕业的，文笔和眼光绝对不比别人差，为什么不做这一行呢？于是，他又投资文化产业，开了一家小型文化公司。结果，他遇到了文化行业的"寒冬"，苦心经营3个月后仍然见不到效益，便只好又草草收场。而此时，他转让出去的超市却异常红火，每天的营业额是他经营时的四五倍。

看到这些，谢科开始感叹自己运气不好，做一件事失败一件。

谢科是名牌大学毕业生，无论学识还是能力都是很优秀的。但是，他做事时却犯下了一个低级的错误——这山望着那山高，频繁更换奋斗目标。他5年干5个行业，而且都是浅尝辄止。他干这一行时，看到另一行更有发展前途，更能够实现自己的理想，做那一行时，又看到其他的行业前途光明。不停地转行，不停地追求光明的前途。结果什么也干不好，时时刻刻想成功，导致经常与成功擦肩而过。

拿破仑·希尔在仔细观察过100多位杰出人士的商业哲学观点之后，认为所有的成功商人都有专注一个目标的优点。事实证明，成功人士都是那些能够迅速而果断做决定的人，他们在做事时，一旦确定了目标，就投入行动，即使遇到了困难挫折也会专注于目标。

雷格莱专心于生产及制造一包5美分的口香糖，结果使他赚进数以百万美元的利润；

爱迪生专注于调和自然法则的工作，贡献出了比其他人更多、更有用的发明；

福特专心于生产廉价小汽车，结果成为有史以来最富有及最有权势的人物之一；

吉列致力于生产安全刮胡刀片，使全世界的男人都能把脸刮得干干净净，也使自己成为一名百万富翁；

威尔逊专心于白宫长达25年之久，最后终于成为白宫的主人；

莱特兄弟专心于发明飞机，结果征服了天空；

……

从这些例子可以看出，成功的人都是专注于目标的人，为了实现目标，他们历尽千辛万苦也在所不辞。试想，如果他们这山望着那山高，遇到一点困难就转行，那肯定不会有如此辉煌的成就。

做事时此路不通另辟蹊径是必要的，但也需要有恒心坚持下去，选定自己的目标后坚持干下去。因为有时就是跨一步就赢、退一步就全盘输掉。

"这山望着那山高"是很多年轻人容易犯的错误。他们很努力，也很有眼光，但缺乏耐心，忙忙碌碌地做了许多行业，但却都在风雨后即将现彩虹时悄悄地转行了。对他们而言，不是成功远离了他们，而是他们面对成功不愿意坚持一会儿，没有再向前跨一步。

生活里，远离情绪雷，会让我们变得更好。我们每个人都想让自己变得更好，却总是因为某些事而失败，想要实现自律，却管理不好自己；想要做更多的事，却管理不好情绪。

别让成功断在了你的坏脾气上

[为坏脾气买单太贵]

我曾经为自己在公开场合的情绪失控付出特别高的代价。

一位公认难打交道的女客户，方案修改了无数遍依旧不满意，合同谈判了十几个来回依旧签不下，可是，这是我最重要的客户，占业务总量的50%以上。

想起自己辛苦而无效的付出，以及签不下这个合同的惨淡影响，我委屈又无助，悲从中来怒从心起，在电话里大声对她说："你的要求特别没道理，你也特别变态，别以为甲方了不起，我不伺候了！"说完，狠狠摔掉电话，心底涌起"姑娘不受这口气"的爽气，只是，爽气片刻就被绝望覆盖，我趴在办公桌上呜呜呜哭起来。

直到同事拍拍我递纸巾，我才想起这是一间开放式的大办公室，当时，我是一个26岁的成年女人。

很快，我对重要客户发火的事人尽皆知，直接领导找我问责，一把手找我谈话，鉴于我的"不成熟"，部门准备把这个客户调整给别人。

女客户也绘声绘色把我们交锋的对话传给同行，我成了本事不大脾气不小的代表，以及行业里的一个笑话。

我的怒火既无法推进工作，也改变不了她的傲慢，还把自己扔进了坑里，平静之后，我不止一次后悔：我图什么呢？

我为此花费双倍时间扭转，结果怎样？结尾告诉你。

[脾气是男女之间杀伤力最大的冷兵器]

我的朋友周周曾经说过两件她当着老公面发火的往事。第一次发火，他们结婚度蜜月，在旅行地的一家酒店自助早餐时和邻桌发生争执，周周说，当时对方不讲道理极了，妈妈纵容孩子不停晃桌子大声吵闹，她和丈夫无法用餐，她制止时和对方争吵，心疼她的老公自然不会袖手旁观，俩人联合把对方吵败了，得意地觉得"夫妻同心其利断金"。可是，晚上结束行程回酒店的路上，意外来了。他们被几个当地男人围住，老公被暴打，她被捂嘴控制在旁边，领头的男人说："教训下男的，不伤筋骨，别动女的，打完收工。"

伤得不算太重，老公下巴缝了7针。周周说，医院里她握着老公的手，针每穿一次，她的心抽一次，她脑海里迅速闪过早晨那对母子，人生地不熟，谁会下重手？一定是结了梁子。客人的无礼，可以请服务生协助制止；旁边很多空座位，可以调整位置回避冲突，自己为什么一定要发火？她的怒火点燃了男人的好胜心，她成了老公的面子，把他架到胜负的高点，而争强斗狠从来都是杀敌一千自损八百，值得吗？不知道对方是谁，底线怎样，就敢随意出招，想起来都后怕。

蜜月之后，只要老公在场，她尤其注意克制自己的脾气，克制是保护，护自己，也护别人。第二次发火，发生在她和老公之间，早已记不起原因,只记得半夜吵起来,她忍不住发火说重话,激怒了他,他甩门开车而去。次日早晨,她才知道,他心里烦躁分神,把油门当刹车,为了避让其他车辆撞上一棵树,好在人没有大碍。

周周苦笑,脾气是男女之间最锋利的刀片,刀刀见血,心和肉一起疼。

[把脾气调成静音,不动声色地解决问题]

据说,宋美龄非常善于控制情绪。

她一直对丘吉尔不满,原因是当年英、美、苏、中是同盟国,但是"丘吉尔看不起中国,罗斯福把中国看成四强之一,丘吉尔的态度一直是不赞成的",这让宋美龄非常恼火,一直拒绝访英。甚至,丘吉尔到美国访问提出想见同在美国的宋美龄,她坚决拒绝。《顾维钧回忆录》描述,有人提醒宋美龄见丘吉尔会给对方脸上增光,她立刻表示:"放心,我不会帮他这个忙。"可是,1943年11月,宋美龄陪同蒋介石参加英、美、中三国首脑开罗会议,她和丘吉尔不可避免地会面,两人有一段经典对话。

丘吉尔说:"委员长夫人,在你印象里,我是一个很坏的老头子吧?"宋美龄没有回答"是"或"不是",直接把皮球踢回去:"请问首相您自己怎么看?"丘吉尔说:"我认为自己不是个坏人。"她顺势回答:"那就好。"蒋介石特地把这段对话记在了日记里,他自己脾气暴躁,经常打骂下属,所以他特别欣赏宋美龄的外交智慧,夸她既不违反外交礼仪,也不违背自己内心。

外交和生活一样,并不靠脾气,靠的是实力。

[放狠话是"我没辙了"的另一种表现]

回到开头,后来,这个客户终于和我们合作了。

原因当然不是我发了火,吓住了难惹的女客户——搞不定的人就是搞不定,传说中的"精诚所至金石为开"的另一个意思是,"你有这闲工夫去干点别的,啥都能做成",所以,两个合不来的人用不着在一起死磕,我礼节性地放弃了对她的公关,转向她的上级和下属。她的上级是营销政策制定人,她的下属是具体工作对接人,虽然不如她直接,但她这条路不通啊,即便绕道远了点,也要走走试试。绕道之后,我走通了。我获得了她领导的认可,并且和她的下属相处融洽,决策者和执行人都开了绿灯,她的红灯也不好意思一直亮着,终于,她红灯转黄最终变绿。而我,学会了对情绪的冷处理。

怒火是虚弱的前奏,是你对这个世界毫无办法之后最无力的发泄,解决不了任何实质问题,却烧光了你的清醒和内存,烧坏了别人对你的信任。搞不定可以绕道,虽然路远一点,同样能到终点。绕不过去还可以放弃,未必所有事情都值得坚持,放手有时是及时止损,甚至是另一个高效的开始。

我们从来不需要把自己改装成没有脾气逆来顺受的怂包,但我们终究会懂得把脾气调成静音模式,不动声色地收拾生活。

05

看开些，
你只不过是较真而已

庸人自扰，人生的不快乐大多是自找的。我们在很多时候感到生气、愤怒，事实上并不是那些人和事真的让我们生气、发怒，而是因为我们太过于较真，以至于自己折磨自己。看开些吧！适时地放下心中的自我，少一点固执的坚持，你的人生就不会再那么焦虑，你的世界就会洒进更多、更为绚朗的阳光。

> 学会不在意，不要拿什么都当回事，不要去钻牛角尖，不要太计较面子，不要事事较真、小心眼，不要把那些微不足道的小事放在心上……

什么都放在心上，心眼就小了

现实生活中，我们有很多的烦恼、不安，其实都是因为过分在意引起的。过分在意的人，每天都会惹出许许多多的是非来。

有这样一对夫妻，吃饭闲谈时妻子一不小心说了一句不太好听的话，没想到，丈夫细细地分析了一番，于是心中十分不快，与妻子大吵大闹起来，以至掀翻了饭桌，拂袖而去。

我们细细想来，这真是太不值了，因小失大，得不偿失。像他们这样的人实在是太在意身边的那些琐事了。其实，许多人的烦恼，并非由多么大的事情引起的，而恰恰是对身边的小事过分在意的结果。比如，有的人喜欢琢磨别人对他说过的每句话，对别人的过错史是加倍抱怨，对自己的得失念念不忘，对于周围的事物过于敏感，而且总是曲解和夸大外来信息。这种人其实是在用一种狭隘、幼稚的认知方式，为自己营造着可怕的心灵监狱。他们不仅使自己活得很累，而且也让周围的人感觉累。

显然，过度在意琐事的毛病会严重影响我们的生活质量，使生活失去光彩，这是一种最愚蠢的选择。因此，我们要管理好自己的情绪，提高自控力，还要学会不在意，换一种思维方式来面对眼前的一切。

有这样一个女孩，她毫无道理地被老板炒了鱿鱼。中午，她坐在单位喷泉旁边的一条长椅上黯然神伤，她感到她的生活失去了色彩，变得黯淡无光。这时她发现不远处一个小男孩站在她的身后"咯咯"地笑，她就好奇地问小男孩:"你笑什么呢?"

"这条长椅的椅背是早晨刚刚漆过的,我想看看你站起来时背后是什么样子。"小男孩说话时一脸得意的神情。

女孩一怔,猛地想道:昔日那些刻薄的同事不正和这小家伙一样躲在我的身后想窥探我的失败和落魄吗?我决不能让他们的用心得逞,我决不能丢掉我的志气和尊严。

女孩想了想,指着前面对那个小男孩说:"你看那里,有很多人在放风筝呢。"等小男孩发觉自己受骗而恼怒地转过脸来时,女孩已经把外套脱了拿在手里,她身上穿着鹅黄的毛线衣让她看起来青春漂亮。小男孩甩甩手,嘟着嘴,失望地走了。

生活中的失意随处可见,真的就如那些油漆未干的椅背在不经意间让你苦恼不已一样。但是如果已经坐上了,也别沮丧,以一种不在意的心态面对,脱掉你脆弱的外套。你会发现,新的生活才刚刚开始!

学会不在意,不要拿什么都当回事;不要去钻牛角尖;不要太计较面子;不要事事较真、小心眼,不要把那些微不足道的小事放在心上;不要过于看重名利得失;不要为了一点小事而着急上火,动不动就大喊大叫,以至因小失大,后悔莫及。要知道,人生有时真的需要一点傻。

学会不在意,可以给自己设一道心理保护防线。这样就能不去主动制造烦恼的信息来自我刺激,并且即使面对一些真正的负面信息、不愉快的事情,也要处之泰然,置若罔闻,不屑一顾,做到"身稳如山岳,心静似止水。"这既是一种自我保护的妙方,也是一种坚守目标、排除干扰的良策。

当然,这里说的不在意不是逃避现实,不是麻木不仁,不是消极颓废,不是对什么都无动于衷,而是在奔向人生大目标途中所采取的一种洒脱、豁达、飘逸的生活策略。倘若如此,你自然会拥有一个幸福美妙的人生。

无数的过去组成了整个人类的历史，昨天精彩也好，痛苦也罢，昨天是受到挫折还是取得辉煌，那都只能是过去的事，不能代表今天，也不能代表明天。

不要把你的生命过成一天

很多时候，每天发生在我们身边的很多事，都是因为无法放下自己手中的东西所导致的。有的人不能放下金钱，有的人不能放下名利，有的人不能放下过去……假如我们做好了"放下"的学问，就会轻易摆脱种种困扰，体会到如释重负的感觉；只有懂得放下，我们才能掌握命运和自我。所以，人生之路始于放下。

寺庙里有个新来的小和尚，对什么都充满了好奇。秋天来到了，寺院里红叶飞舞，小和尚跑去问师父："师父，红叶这么美丽，枫树为什么要放弃它们呢？"

师父微微一笑说："因为冬天要来了，树撑不住那么多叶子，只好舍去。这不是'放弃'，是'放下'。"

冬天来到了，小和尚看到师兄们把院子里的水缸倒扣在地面上，他又跑去问师父："师父，好好的水为什么要倒掉呢？"

师父笑笑说："因为冬天冷，水结冰后会膨胀，会把水缸撑破，所以要倒干净。这不是'真空'，是'放空'。"

下雪了，大雪纷飞，几棵盆栽的龙柏上积了厚厚一层雪。师父吩咐徒弟们合力把盆搬倒,让龙柏躺倒在地上。小和尚又不解了,他着急地询问:"龙柏好好的,为什么要放倒?"

师父教训道:"谁说好好的?你没看到积雪把龙柏的枝叶都压弯了吗?再压就要断了。这不是'放倒',是'放平'。为了保护它,先让它在地上休息休息,雪停以后再扶它起来。"

由于天寒地冻,加上全球的金融危机,寺庙里的香油钱少了。连小和尚都紧张起来,他跑去请教师父怎么办。"少你吃少你穿了吗?"师父瞪了一眼小和尚继续说,"数一数柜子里还挂了多少件衣服,柴房里还堆积了多少柴,仓房里还有多少土豆……别想没有的,想想还有的,苦日子总会过去的,春天总会来的。你要'放心',不是'不用心',把心安顿好。"

春天很快到来了,大概这个冬天的雪水特别多的缘故,春花烂漫更胜往年。前殿的香火也渐渐恢复往日的盛况。这时师父却要出远门了,小和尚追赶到山门前问道:"师父,您走了我们怎么办?"

师父笑着对他挥挥手说:"你们能够放下、放空、放平、放心,我还有什么不能放手的呢?"

世上没有永恒的胜利者,也没有永恒的失败者,胜利与失败在特定的条件下是可以相互转化的。无数的过去组成了整个人类的历史,昨天精彩也好痛苦也罢,昨天是受到挫折还是取得辉煌,那都只能是过去的事,不能代表今天,也不能代表明天。我们何必要为昨天的事情耿耿于怀,不肯放下呢?

卡耐基在刚刚创业的时候,曾经在一个有名的地区举办了一个专门教育成人的训练班,而且还在各个小城市开了很多分部,这让他投入了大量的资金和精力去宣传自己办的培训班。结果却并不如他所想的那样好,虽然赚了不少钱，但是除去日常的开销、房租等，他也所剩无几了，几个月下来，他白白浪费了很多精力。

当他寻找问题的原因时发现是由于自己疏于财务上的管理才导致一无所获，为此，他有一种挫败感，很长一段时间他都处于自责的状态中。这种状态自然不利于他刚刚开始的事业，而且也让他整个人变得消沉了许多。

一次偶然的机会，卡耐基遇到了自己的一位导师，当他把自己的苦恼告诉老师的时候，老师对他说："亲爱的男孩，别再为打翻的牛奶哭泣了。"卡耐基听完这句话，仔细思索了一下，谢过老师回家了。此后，卡耐基再也不为曾经的失败苦恼了，并且精神立刻好了起来，开始继续自己的事业。

不管是痛苦还是辉煌，过去的就让他过去，我们的心承受不了太多的过去。终日想着那些不幸的经历和错误的选择，只会加剧我们自身的伤痛，也只会让我们感觉未来越来越黑暗。所以，我们不要为过去的那点事耿耿于怀，只有把昨天的挫折和辉煌当作明天的垫脚石，做好攀登的思想准备，我们才能在今天获得快乐与成功。

假如一条路走得时间太长,却只得到痛苦的话,就应该学会适时地放弃,没必要跟自己较真,认为非它不可。否则的话,你人生的路会越走越窄。

懂得放弃,心路才会更宽

两条河同时从源头出发,它们的目的地都是大海。在通往大海的路上,它们穿过了重重阻碍,可是却在沙漠的边缘犯难了。对此它们无计可施,商量着该怎么办。其中一条河说:"我们回去吧,也许回去还有机会呢,如果我们现在往前走,可能出不了沙漠就干涸了。"另一条河则说:"大海就在沙漠的尽头,所以我一定要流过沙漠。"结果第一条河自己回到了源头等待机会,而另一条河则执着地向前,最后干涸在沙漠里。后来,第一条河经过漫长的等待,终于有机会流向了大海。

有时生活会让你停止前进的脚步,这时,如果你一定要执着于当下,就会错失许多快乐。有时,今天的放弃,正是明天快乐的筹码,而拒绝放弃则是作茧自缚的开始。

一位中年男子去看心理医生。他告诉心理医生,他现在在一家外贸公司就职,本来有很大希望可以升迁为业务部主管,可是一个长期和他暗中竞争的同事居然把他以前工作中所出现的失误全部罗列起来,递交到董事长手中。于是,他升迁的希望因此破灭了。本来已经深受打击的他更不能容忍的是他的妻子对他非常不理解。现在的他精神几乎就要崩溃了。

听到这儿,心理医生笑着说:"想必现在你身边一定有另外一个女人理解你，对吧？"这个中年男子点了点头。

此时，心理医生从抽屉里拿出两个砝码和一个细橡皮圈，并把那两个砝码拴在了橡皮圈上，这两个砝码的重量几乎把橡皮圈绷得快断掉了，假如再加一点重力，它就会断裂。中年男子疑惑地看着心理医生的举动，不知道他要做什么。

心理医生问："给董事长打小报告的同事升迁了吗？"中年男子摇了摇头。

心理医生接着问："那位同事所说的事情是真实的吗？"

中年男子思忖了一会儿，说："大概一半以上是真实的。"

心理医生笑着说："既然你的同事并没有升迁，而且他还给你指出了那么多不足的地方，那么你不但不应该与他为敌，还应该感谢他，他让你知道自己错在什么地方。假如你从此把自己出现错误的地方全部做好，他就什么都不会说了。"

中年男子想了一会儿，点了点头。医生取下一个砝码，橡皮圈马上弹回去一大半。

接着，心理医生又问："你的妻子不理解你，那么你认为你们之间的感情已经到了无法挽救的地步了吗？"

中年男子摇了摇头，说："感情上也没什么人事，她对我很好，而且我们还有一个很乖、很争气的儿子。"

心理医生接着问："也就是说，就算有另外一个女人理解你，你暂时也不可能下定决心跟她在一起生活？"

中年男子沉默了一会儿，如实地点了点头，医生笑了笑，又把另一个砝码从橡皮圈上取了下来。之后，心理医生把那个恢复完好的橡皮圈给了中年男子，并解释说："现在，你已经没有负担了，就像这个橡皮圈又恢复弹

· 115 ·

性一样。你的两个问题都解决了，你还是那个完整的你。"

听到这儿，中年男子恍然大悟，原来自己只执着于表面的不愉快，没意识到事情根本没那么糟糕，也没想到自己本不需要为此而过多地难受。

生活中有烦心的事在所难免，但为此而终日闷闷不乐则应在自己身上找原因，看看是不是自己想得太多，或者是走错了方向，假如一条路走得时间太长，却只得到痛苦的话，就应该学会适时地放弃，没必要跟自己较真，认为非它不可。

有这样一个小故事：一位智者让一个整日烦恼的男孩去爬山，这座山上有许多漂亮的石头。男孩每见到一颗自己喜欢的石头，就装进一个袋子里，还没走到一半，他就拿不了这些石头了。于是智者笑着对男孩说："你该放下了，背着石头是不能爬山的。"

只有当我们舍得并懂得放弃时，才能看到山顶的风景。人的一生很短暂，生命没给我们太多的时间把宝押在一条路上。

面对同一个问题，如果换一个角度去思考，就会出现截然不同的结果。诸事不顺时，不妨换一种角度，寻找事物的光明面，也许一切都会迎刃而解。

抛开"应该"或"不应该"思想

人都有一种习惯，就是害怕自己的环境改变和思想变化，人们喜欢做大家经常做的事情，不喜欢做需要自己变化的事情。所以，很多时候，我们没有抓住机会，并不是因为我们没有能力，也不是因为我们不愿意抓住机会，而是因为我们恐惧改变。

有两个推销员，分别隶属于不同的公司，以推销各自公司生产的鞋为工作指标和任务。由于生产的商品相同，就不免存在一定的竞争。两个公司在竞争，两个推销员也暗中较劲，竞争有限的市场占有率，竞争自己的市场份额，竞争未来，都想把对方挤垮。

一天，他们到一个比较偏僻的小岛上推销自己公司生产的鞋。两个推销员在岛上转了一圈，发现岛上的文明程度非常低，甚至可以说处于蛮荒时代，当地人全都光着脚，没有穿鞋。从国王到贫民、从僧侣到贵妇，竟然没有一个穿鞋子的。

其中一个推销员看到这样的情形，心情低落到了极点，认为这些思想还没开窍的人们还不懂得什么是文明，想让他们明白鞋的作用和重要性不外乎对牛弹琴，更别想让他们掏钱去买鞋了，根本没戏。于是他向老板拍了一封电报："这里的人从不穿鞋子，不会有人买鞋，我明天就回去。"

面对同样的情况，另一个推销员则心中暗喜，两眼发光，心想："这个消费市场可真大，简直就是一座未开采的天然金矿，就等我来开发了。"于是他向公司总部拍了一封电报："太好了，这里的人都不穿鞋。我决定把家搬过来，在此长期驻扎了。"

认为没人买鞋的推销员第二天就飞离了此岛，而认为市场潜力巨大的推销员则留下来张贴广告。他的广告没有文字说明，只是画着一个当地壮汉的模样，脚穿皮鞋，肩扛虎、豹、狼、鹿等猎物，威武雄壮，煞是好看。当地的人们看了这张广告，纷纷打听在哪里能弄到广告画面上壮汉脚上穿的东西，于是皮鞋逐渐打开了销路。

没过多久，鞋子成为当地的必需品。

面对同一个问题，如果换一个角度去思考，就会出现截然不同的结果。诸事不顺时，不妨换一种角度，寻找事物的光明面，也许一切都会迎刃而解。

在日常生活中，我们也常常会遇到需要换个角度看问题的时候。当考试成绩不理想时，不要放弃，不要气馁，要多和自己的过去相比，看看有多大进步，从而坚定必胜的信心；和同伴吵架，不要总想自己有理，要以宽容的心态多从自己身上找不足；不要反感父母的唠叨，要从无休止的唠叨中看到他们无私的爱。

一位裁缝在吸烟时不小心将一块高档面料烧了一个洞，但他并没有因此而过多懊恼，而是在烧出的洞上做起文章，凭借自己高超的技艺，别出心裁地在破洞处绣了一朵花，并做成一条镶有美丽花边的裙子，这样一来，不但没有造成损失，还卖了一个好价钱，而且由于这种裙子的款式十分新颖，生意也一天比一天红火。假如那个裁缝把这块烧出洞的高档面料当废品扔掉，那么丢掉的就不仅仅是一条款式新颖的裙子，而是一个诱人的商机，更是失去了宝贵的创新精神。

人一旦形成了习惯的思维定式，就会习惯地顺着定式的思维思考问题，不愿也不会转个方向、换个角度想问题，这是很多人的一种愚顽的"难治之症"。比如说看魔术表演，不是魔术师有什么特别高明之处，而是我们大家思维过于因循守旧，想不开，想不通，所以上当了。让一个工人辞职去开一个餐厅，让一位教师去下海，他不愿意的概率大于70%，因为他害怕改变原来的生活和工作的状态。能够勇敢地主动变化，很大程度上是超越了自己，也比较容易获得成功。

换个角度看风景，是一种睿智，是一种豁达，更是一种乐趣。

换个角度看风景，需要拥有睿智的头脑、豁达的心胸，去发现各个角度的风景之美，寻找风景中的亮点。

换一种思维看挫折，挫折将帮助我们取得宝贵的财富。

有的人过度保守、信心不足,消极和悲观的情绪就流露了出来;而有的人着眼亮丽的未来,以至于目标远、信心高、积极性强,凡事比较乐观。

过分的固执,终究会走进死胡同

有这样一篇文章,讲的是唐代著名禅师慧宗大师的故事。

慧宗禅师常为弘法讲经而云游各地。有一回,他临行前吩咐弟子看护好寺院的数十盆兰花。弟子们深知禅师酷爱兰花,因此侍弄兰花非常殷勤。但一天深夜狂风大作、暴雨如注,偏偏弟子们由于一时疏忽,当晚将兰花遗忘在了户外。第二天清晨,弟子们望着眼前倾倒的花架、破碎的花盆和憔悴不堪的兰花,后悔不迭。

几天后,慧宗禅师返回寺院,众弟子忐忑不安地上前迎候,准备领受责罚。得知原委,慧宗禅师泰然自若,神态平静而祥和,他宽慰弟子们说:"当初,我不是为了生气而种兰花的。"在场的弟子们听后,如醍醐灌顶,大彻大悟,对师傅更加尊敬佩服了。

"我不是为了生气而种兰花的。"这看似平淡的一句话,却透着精深的佛门玄机,蕴含着人生的大智慧。依此,我们可以说:我们不是为了生气而读书的;我们不是为了生气而工作的;我们不是为了生气而与人交往的;我们又何尝是为了生气而生活的……

人对于事情的着眼点不同,看法也就大相径庭,从而情绪也会很不相同。有人习惯于往小处看,目光如豆,免不了钻牛角尖;而有的人习惯于大处着眼,所以格局大、心胸宽。有的人过度保守、信心不足,消极和悲观的情绪就流露了出来;而有的人着眼亮丽的未来,以至于目标远、信心高、积极性强,凡事比较乐观。

其实,面对那些倒霉的事,我们只要转变一下想法,换个角度看问题,你的情绪就会变好了。

来看看艾伦一天的遭遇:

清晨:天下着小雨。艾伦最讨厌下雨了,刚上了油的皮鞋会沾水,裤腿也会带上泥;穿西裤吧,刚买的名牌,舍不得在雨中穿;穿休闲裤吧,白色的很快就变脏。像这种毛毛雨又懒得打伞,坐出租车都要排队,接女朋友也不方便,要是晚去一会儿,塞丽娜就会撅着嘴巴气跑了,然后几天不理他。艾伦躲在被窝里烦躁了一会儿,一看表,快迟到了,艾伦一阵心慌。

上班途中:公车站牌下雨伞林立,伞下一张张脸翘首以待。艾伦看看自己的名牌西服,决定坐出租车。好不容易一辆空车过来,立刻有人蜂拥而上,根本就挤不上去。如是三番,艾伦还没坐上,心里只恨自己没有车。终于等到机会,找到一辆车,但上车刚一落座,一股凉意沁人屁股,扭身一看:"天哪,你这车上怎么有水啊?"

"噢,可能是刚才的乘客把伞放在车座上了吧。"

艾伦憋了一肚子火,没好气地说:"早知道还不如坐公车,白白糟蹋了我的新西裤。"

"要怪只能怪这鬼天气。"

"坐你的车就怪你。"艾伦拿纸巾去粘屁股上的水,湿漉漉的纸巾立刻粉身碎骨,艾伦甩着手,碎纸屑却粘着手不肯掉。他嘴里嘟囔着:"真倒霉!"

司机回他说:"别人放在车座上,我哪看得见!"

就这样，艾伦和司机打了一路的嘴巴官司，窝了一肚子火，车一到站赶紧买单下车。走到办公室才发现，司机竟没找零！坐了一屁股水，还白送司机10块钱，艾伦气得不行！

办公室：刚进办公室，同事就通知艾伦，策划方案没通过，退回修改。那份策划案可是艾伦熬夜后的心血，全企划室也只有艾伦能拿得出这种像样的方案来，"修改，说得轻巧，坚决不改！"艾伦心里又委屈又气愤，决定搁到一边等经理来找他。可是等了一天，经理也没来。

下班：雨依然淅淅沥沥，艾伦依然打不起精神来。突然间，他想起下午忘了给塞丽娜打电话，他们约好了下午打电话决定晚上到哪里吃饭的。一看表，糟了，6点了，艾伦赶紧打电话过去，但办公室没人听，估计塞丽娜早下班了。打她手机，半天才接，手机里传来塞丽娜尖厉的声音："你怎么回事啊！现在才睡醒吗？我已经跟别人约了！"啪的一声，塞丽娜就挂了电话。都怪这鬼天气！艾伦半天没回过神来。

也许任谁遇到这些倒霉事，心情也不会太好，但是我们要想到这些坏情绪一旦得不到立刻解决，很容易植入你的内心，可能会影响你几天的心情。

怎么办好呢？我们可以换个角度来看待这些问题。具体如下：

早晨：谁说阴雨天会带来坏心情？很多人特别喜欢下雨呢！艾伦可以这样想，下雨可以听着雨打玻璃的声音安然入睡；下雨可以滤掉马路上的灰尘、噪音，让空气清新起来；下雨，可以给女朋友送伞讨好她，还可以和她共撑一把伞，在雨中漫步，然后趁机搂住她的肩……所以，换个角度看问题，阴雨天也会有晴朗的心情。

上班途中：不就是坐了一屁股水吗，庆幸的是没坐一个烟头、一摊油。要有同事问你屁股上是什么东西，你正好幽他一默："我返老还童了。"倘若是女同事，还指不定怎么乐呢？能博红颜一笑，不亦乐乎？

办公室：别人都做不出来的策划案，唯独你能做出来，这不正好证明你比别人强？重要的方案不可能一次通过，退回来修改很正常，再说又不是让你重新做一份。积极的做法是，站起来，主动去敲经理的门，问问清楚，究竟是哪些地方欠缺，怎样修改。主动和上司沟通，会让你心情舒畅、信心十足。

下班：一整天的坏情绪已经一一被化解了，那就不会忘记和女朋友的约会。即使忘记了也不要紧，打一个电话过去，潇洒地告诉她："我马上过去买单！"不把她乐死才怪！

生活中总有很多人抗打击能力比较低，导致想法不正确，要不固执己见，缺乏弹性思考；要不阻抗新观念，看不清事件的本质。对我们来说，转换个视角看问题，生活永远是美好的，生活赋予我们的都是好东西。

不通则变，在我们身处困境之时，就应该积极思考，寻求应变之道。不懂得变通，一味地坚持，非但不能解决问题，还会让你的情绪变得越来越糟。

懂得变通的人才不会被轻易牵绊

种子落在土里长成树苗后最好不要轻易移动，一动就很难成活。而人就不同了，人有脑子，遇到了问题可以灵活地处理，用这个方法不成就换一个方法，总有一个方法是对的，否则的话只会白白地浪费时间和精力，解决不了问题，还影响到自己的情绪。

有这样一则寓言故事：

战国时期，秦国有个人叫孙阳，精通相马，无论什么样的马，他一眼就能分出优劣。他常常被人请去识马、选马，人们都称他为伯乐。

有一天，孙阳外出打猎，一匹拖着盐车的老马突然向他走来，在他面前停下后，冲他叫个不停。孙阳摸了摸马背，断定是匹千里马，只是年龄稍大了点。老马专注地看着孙阳，眼神充满了期待和无奈。孙阳觉得太委屈这匹千里马了，它本是可以奔跑于战场的宝马良驹，现在却因为没有遇到伯乐而默默无闻地拖着盐车，慢慢地消耗着它的锐气和体力，实在可惜！孙阳想到这里，难过地落下泪来。

这次事件之后孙阳深有感触，他想，这世间到底还有多少千里马被庸人所埋没呢？为了让更多的人学会相马，孙阳把自己多年积累的相马经验和知识写成了一本书，配上各种马的形态图，书名叫《相马经》，目的是使真正的千里马能够被人发现，尽其才，也为了自己一身的相马技术能够流传后世。

孙阳的儿子看了父亲写的《相马经》，以为相马很容易。他想，有了这本书，还愁找不到好马吗？于是，就拿着这本书到处找好马。他按照书上所画的图形去找，没有找到，又按书中所写的特征去找，最后在野外发现一只癞蛤蟆与父亲在书中写的千里马的特征非常像，便兴奋地把癞蛤蟆带回家，对父亲说："我找到了一匹千里马，只是马蹄短了些。"父亲一看，气不打一处来，没想到儿子竟如此愚蠢，悲伤地感叹道："所谓按图索骥也。"

这个故事出自明朝杨慎的《艺林伐山》，也是成语"按图索骥"的由来。这个寓言有两层寓意，一是比喻按照某种线索去寻找事物，二是讽刺那些本本主义的人，机械地照书本办事，不知变通。

记载商鞅思想言论的《商君书》中有一段名言："聪明的人创造法度，而愚昧的人受法度的制裁，贤人改革礼制，而庸人受礼制的约束。"是的，圣人创造"规矩"，开创未来，常人遵从"规矩"，重复历史。为什么孔子是圣人，而他的三千弟子不是？道理就在于思想是否解放，是否敢于创新，敢于自主地、实事求是地思考分析问题。

许多成功人士一生不败，关键就在于用绝了为人处世的变通之道，进退之时，俯仰之间，都超人 等，让身边人暗自佩服，以之为师。

学会为人处世的变通之道是让你走出烦躁、焦虑的不二法则，更决定了你能否从人群中脱颖而出；反之，凡不知为人处世的变通之道者，一定会在许多重要时刻碰得头破血流，跌入失败之境。

不懂的事，就是不理解，不理解的东西是自己无法占有的。如果盲目地相信某些毫无根据的感觉，使自己失去理智的判断能力，最后囚禁的只能是自己。

别成为"心理牢笼"的囚徒

很多时候，一个人在境况不算差的情况下依然不能走向成功的道路，原因往往很简单，那就是他陷入了自己编织的"心理牢笼"中不能自拔。

因此，如果你渴望成功，在任何时候，都不要被自己所编织的"心理牢笼"困住。

一个人在他二十多岁的时候被人陷害，在牢房里待了10年。后来，冤案告破，他终于走出了监狱。出狱后，他开始了几年如一日的反复控诉、咒骂："我真不幸，在最年轻有为的时候遭遇冤屈，在监狱里度过了本应该最美好的一段时光，唯一的细小窗口几乎看不见阳光，冬天寒冷难忍，夏天蚊虫叮咬……真不明白，上帝为什么不惩罚那个陷害我的家伙，即使将他千刀万剐，也难以解我心头之恨啊！"

75岁那年，在贫病交加中，他终于卧床不起。弥留之际，牧师来到了他的床边，说："可怜的孩子，去天堂之前，忏悔你在人世间的一切罪恶吧……"

牧师的话音刚落，病床上的他声嘶力竭地叫喊起来："我没有什么需要忏悔的，我需要的是诅咒，诅咒那些施予我不幸命运的人……"

牧师问："您因受冤屈在监狱待了多少年？离开监狱后又生活了多少

年？"他恶狠狠地将数字告诉了牧师。

牧师长叹了一口气："可怜的人，您真是世上最不幸的人，对您的不幸，我真的感到万分同情和悲痛！他人囚禁了你区区10年，而当你走出监牢本应获取永久自由的时候，您却用心底的仇恨、抱怨、诅咒囚禁了自己整整40年！"

现实生活里，有不少人喜欢用自己不懂的事情塞满自己的脑袋，把一些不相干的事与自己联系在一起，造成了心理障碍。殊不知，不懂的事，就是不理解，不理解的东西是自己无法占有的。如果盲目地相信某些毫无根据的感觉，使自己失去理智的判断能力，最后被囚禁的就是自己。

有一位公司职员，某天觉得自己好像生病了，就去图书馆借了本医学手册，看该怎样治自己的病。他一口气读完了该读的内容，然后又继续读下去。当他读完介绍霍乱的内容时，方才明白，自己患霍乱已经几个月了。他被吓住了，呆呆地坐了好几分钟。

后来，他很想知道自己还患有什么病，就依次读完了整本医学手册。这下可明白了，除了膝盖积水症外，自己身上什么病都有！

他非常紧张，在屋子里来回踱步。他认为："医学院的学生们用不着去医院实习了，我这个人就是一个各种病例都齐备的医院，他们只要对我进行诊断治疗，然后就可以得到毕业证书了。"

他迫不及待地想弄清楚自己到底还能活多久！于是，他就搞了一次自我诊断：先动手找脉搏，起初连脉搏也没有了，后来他才突然发现，脉搏一分钟跳140次！接着，他又去找自己的心脏，但无论如何也找不到！他感到万分恐惧，最后他认为，心脏总会在它应在的地方，只不过自己没找到罢了……

他往图书馆走时，觉得自己是个幸福的人，而当他走出图书馆时，却被自己营造的"心理牢笼"所监禁，完全变成了一个全身都有病的老头。

他去找自己的私人医生，一进医生的家门，他就说："亲爱的朋友，我不给你讲我有哪些病，只说一下没有什么病，我的命不会长了，我只是没有得膝盖积水症。"

医生给他做了诊断，然后在纸上写了些字递给了他。他顾不上看处方，就塞进口袋，立刻去取药。赶到药店，他匆匆把处方递给药剂师，药剂师看了一眼，退给他说："这是药店，不是食品店，也不是饭店。"

他很惊奇地望了药剂师一眼，拿回处方一看，原来上面写的是：煎牛排一份，啤酒一瓶，6小时一次；走1000米路程，每天早上一次。于是他照这样做了，一直健康地活到现在。

这位职员幸亏治疗及时，否则一定会被自己营造的心理牢笼所囚禁，最后非得病不可。

人的心理牢笼千奇百怪、五花八门，但它们都有一个共同的特点，那就是这些所谓的心理牢笼都是人自己营造的。别人对自己不好，就充满仇恨、诅咒；自己做错了一点事情，就老是责备自己的过失。有些人总是唠叨自己的坎坷往事和不平待遇，有些人念念不忘生活和疾病所带来的痛苦……时间一长，人就会不知不觉地把自己囚禁在"心狱"之中，就像故事中的那个可怜的人那样，到死都没有觉悟，哪还有时间去追求成功呢？

因此，一个渴望有所成就的人，必须走出自己的"心狱"。

06

发怒之前，请先让自己保持冷静

动不动就发怒，不仅仅会给人留下不成熟、不理智的印象，会让你在不经意间得罪他人，导致人际关系紧张，在人生的旅途中少了不少助力，还会让你对一些事情缺乏应有的判断，做出错误的决定，出现不想要的结果。总之，你不懂得控制情绪，轻易生气、发怒，那么迎接你的将是失败的人生。

面对不可避免的事实，我们就应该学着做到诗人惠特曼所说的："让我们学着像树木一样顺其自然，面对黑夜、风暴、饥饿、意外与挫折。"

活出自信，你的人生才会充满希望和阳光

在这个世界上，我们不可能事事顺心，处处如意。总会有很多残酷的事实和境遇是我们无法回避、无法选择又无法改变的。如果因此而怨天尤人，自我消沉，那你的人生只剩下苦闷和抱怨了。所以，不管是生活还是工作，都应该坦然接受不可改变的事实。这绝不是逆来顺受或者不思进取，这只是一种积极的顺其自然的人生态度。

人生本来就是一个输赢交错的过程，就是诸葛亮再世也无法准确预测和掌控不可预知的未来，更不能改变过去既成的事实。所以，与其死死纠缠在不可改变的过去，还不如改变心态，坦然接受，放眼未来。

人生总要遇到这样那样的磨难，好比唐僧西天取经，总有劫难等着你去克服。事实不会因为你的痛苦就发生改变，如果你能保持良好的心态，采取积极的行动，那么磨难就会变成"磨刀石"，不但让你卷土重来、东山再起，还使你变得更加出类拔萃。

已故的美国小说家塔金顿常说："我可以忍受一切变故，除了失明。我绝不能忍受失明。"可是在他60岁的某一天，当他看着地毯时，却发现地毯的颜色渐渐模糊，看不出图案。他去看医生，得到了残酷的证实：他即将失明。有一只眼差不多全瞎了，另一只也接近失明，他最恐惧的事终于发生了。

塔金顿对这最大的灾难如何反应呢？他是否觉得："完了，我的人生完了！"完全不是。令他惊讶的是，他还蛮愉快的，他甚至发挥了他的幽默感。那些浮游的斑点阻挡他的视力，当大斑点晃过他的视野时，他会说："嗨！又是这个大家伙，不知它今早要到哪儿去！"完全失明后，塔金顿说："我现在已经接受了这个事实，可以面对任何状况。"

为了恢复视力，塔金顿在一年内得接受十二次以上的手术，而且只是采取局部麻醉。他会抗拒它吗？他了解这是无可逃避的，唯一能做的就是接受。他放弃了私人病房，和大家一起住在大众病房，想办法让大家高兴一点。当他必须再次接受手术时，他提醒自己是何等幸运："多奇妙啊，科学已经进步到连人眼如此精细的器官都能动手术了。"

当真正面对无法改变的事实的时候，其实每个人都能接受，就像本以为自己绝不能忍受失明的塔金顿一样。这个时候他却说："我不愿用快乐的经验来替换这次机会。"他因此学会了接受，并相信人生没有任何事会超过他的容忍力。

成功学大师卡耐基说："有一次我拒不接受我遇到的一种不可改变的情况。我像个蠢蛋，不断作无谓的反抗，结果带来无眠的夜晚，我把自己整得很惨。终于，经过一年的自我折磨，我不得不接受我无法改变的事实。"

西方有句谚语："不要为打翻的牛奶杯而哭泣。"这与中国的一个成语"覆水难收"有着异曲同工之妙。用流行的话来说，"你可以设法改变三分钟以前的事情所产生的后果，但你不可能改变三分钟之前发生的事情。"是啊，事实已经发生，就算肠子悔青了也没有"月光宝盒"送你回到过去，所以，不如将精力放在如何解决问题上，避免以后再犯同样的错误。

金融危机爆发的时候，谭先生十分庆幸自己没买股票，谁知他的妻子却号啕大哭，说她把家里60万元的存款给了一个朋友做投资，说一年的收益非常可观，可现在朋友破产，人也消失了，60万元打了水漂。

谭先生一阵头晕眼花，这意味着，他这十多年的辛苦努力全白费了，真是应了那句"辛辛苦苦二十年，一夜回到解放前"！谭先生真想把妻子痛打一顿，可是他很快冷静下来，他对满脸泪水的妻子说："命里没有莫强求，钱已经丢了，再哭也哭不回来。幸好我还有一份不错的工作，咱们的生活还是不成问题的。"

谭先生虽然嘴上说得淡定，可是他心里清楚自己的小康之家已彻底沦落了。其实他的工资也不是很丰厚，虽然够家里每个月的开支，可是女儿马上就要上大学，夫妻双方的父母年纪都大了需要他们照顾，谭先生感到了前所未有的压力。

生活还要坚持下去，于是，谭先生和妻子商量用各种"开源节流"的办法来应对：谭先生戒了烟；名牌衣服不买了，以前的旧衣服整理一下也很好，很多还都是新的；朋友聚会尽量在家吃；尽量不打的，出门坐公交；妻子开了个小卖铺赚些钱……

就这样，谭先生家的日子虽然过得辛苦了些，但是依然有条不紊地向前进行着，一家人都相信，只要同心协力，满怀信心，日子会一天天好起来的。

不幸的发生，往往是因为我们对事物做出了错误的估计，因此不得不付出代价。但是，错误已经发生，懊悔、暴怒、颓废都无济于事，只能让事情变得更糟。不如向谭先生学习，勇敢面对突如其来的灾难，用平静的心态去承受不可更改的事实，想办法去解决问题，而不是企图"回到过去"。

坦然接受现实，并不等于束手接受所有的不幸。只要有任何可以挽救的机会，我们就应该奋斗。但是，当我们无法挽回无法改变的时候，就不要再踌躇不前，拒绝面对。要接受不可避免的事实，唯有如此，才能在人生的道路上掌握好平衡。

一个不会愤怒的人是庸人，一个只会愤怒的人是蠢人，一个能够控制自己情绪，做到尽量不发怒的人是聪明人。聪明人的聪明之处，是善于利用理智将情绪引进正确的表现渠道，使自己按理智的原则控制情绪，用理智驾驭情感。

人生需要理智，而不是意气用事

一个人愤怒的时候，便会失去理智，暂时处于精神错乱状态。如果一个人不懂管理情绪，就会受到冲动的惩罚，甚至做出遗恨终生的决定。

凯蒂6岁那年，她的爸爸花去所有积蓄买了一辆卡车，因此，非常爱惜，不容许任何人碰它。

一天下午，爸爸出去了，凯蒂因为好奇拿了一块有着尖锐棱角的石头在卡车上划下了很多痕迹。她的爸爸发现后，愤怒地用铁丝把凯蒂的手绑起来，任凭她哭闹。5个小时后，凯蒂的爸爸怒气消了，来到车库准备停止对女儿的惩罚，可是，他看到女儿的手已经被铁丝绑得血液不通了！

凯蒂被送进了医院，可是医生说太晚了，手已经坏死，必须截掉，否则就有可能危害到孩子的生命。凯蒂就这样失去了她的一双手！但是她不懂，不懂到底发生了什么……

父亲的愧疚可想而知。

半年后，凯蒂的爸爸把卡车重新烤漆，开回来的时候，就像新的一样。凯蒂看着完好如新的卡车，天真地说："爸爸，你的卡车好漂亮哟，看起来和新的一样了，但是，你什么时候才把我的手还给我？"

爸爸听了更加愧疚，他不知道该如何向女儿解释她的手永远也不会回来了。他终于经受不住这种精神的折磨，自杀了。

一场悲剧，只是因为父亲没能控制住自己的一次情绪。

培根曾说："愤怒，就像地雷，碰到任何东西都会一同毁灭。"因此在某些情况下，我们要学会忍耐，以平和的心情来解决问题，千万不能一碰到"导火线"就暴跳如雷，导致情绪失控。多一点清醒，就少一点失误；多一点理智，就会少一点后悔。

一天，拿破仑·希尔和办公室大楼的管理员发生了一点误会。这场误会使得他们彼此憎恨，甚至演变成为激烈的敌对状态。这位管理员为了表现他对拿破仑·希尔一个人在办公室工作的不满，就把大楼的电灯全部关掉，这种情形一连发生了几次。有一天，拿破仑·希尔到书房里准备一篇第二天晚上要用的演讲稿，当他刚刚在书桌前坐好时，电灯熄灭了。

拿破仑·希尔立刻跳起来奔向大楼地下室去找管理员。当拿破仑·希尔到那儿时，管理员正在忙着把煤炭一铲一铲地送进锅炉内，同时吹着口哨，仿佛什么事情都没有发生过。

拿破仑·希尔立刻对他破口大骂，骂了足足5分钟，最后他实在想不出什么骂人的词句了，只好放慢了速度。

这时候，管理员直起身体，转过头来，脸上露出开朗的微笑，并以一种充满镇静与自制的柔和声调说道："你今天晚上有点儿激动吧，不是吗？"

管理员的话就像一把锐利的短剑，一下子刺进拿破仑·希尔的身体。他感觉自己一下子失去了斗志，他不得不承认自己失败了，被这个既不会写也不会读的文盲管理员彻底击败了。

此后，拿破仑·希尔下定了决心，以后决不再失去自制力。因为失去自制力之后，别人——不管是一名目不识丁的管理员，还是有教养的绅士，都能轻易地将自己打败。

　　下定这个决心之后，拿破仑·希尔身上立刻发生了显著的变化，他的笔开始发挥出更大的力量，他所说的话更具分量。他结交了更多的朋友，敌人也相对减少了很多。这个事件成为拿破仑·希尔一生当中最重要的一个转折点。拿破仑·希尔说："这件事教育了我，一个人除非先控制了自己，否则他将无法控制别人。它也使我明白了这一句话的真正意义：上帝要毁灭一个人，必先使他疯狂。"

　　中国有句古话：忍一时，风平浪静；退一步，海阔天空。说的就是人在某种特殊情况下，不能意气用事，不要冲动，因为在缺乏周详考虑的前提下，头脑一发热，做事不加思考，极容易生出事端。

　　愤怒是一种不良的情绪状态。古代素有"怒伤肝、喜伤心、忧伤肺、思伤脾、恐伤肾"的说法。发怒，完全是一种可以自己消除与避免的行为，只要好好地把握自己，你就可以让自己走出这一误区。

俗语云，饱暖思淫欲，人闲生是非。世间一切烦恼，大都逃不出两个原因，一曰钱，一曰闲。

心情不好时，不妨让自己忙起来

今天听到一个姑娘抱怨自己怀孕后情绪特别差，天天以泪洗面，一说就觉得委屈到无以复加。

姑娘今年20出头，早婚早孕，不用工作，如今每日在娘家饭来张口衣来伸手，还嫌母亲太啰唆，事事管着自己，连吃饭这样的琐事都要操心。

大概是岁数太小，还没适应母亲角色，姑娘怀孕几个月了，连什么时候产检，做检查的注意事项这些检查单上写得明明白白的事情都要到处找人问。

我说："你就是太闲了，你有大把的时间，就算不工作，起码也要找点事情做，多逛逛母婴论坛，研究研究育儿经也是好的啊。如果你把这些都搞清楚，自己能照顾好自己，你妈也不会不放心到要每天叮嘱你。你这样下去，最后孩子还没生出来呢，先生出一堆闲气。"

我怀孕后，经常被人说看起来一点也不像孕妇，整日生龙活虎。我说我孕反严重在厕所吐成狗的时候，你并没有看到啊。一个人像不像孕妇，取决于你有没有把传统观念中孕妇的一面展现给别人看：娇弱无力，步履艰难，时时强调自己是需要别人照顾的群体。

的确，生理上，是有些比以前困难的地方，孕反强烈就不说了，体力不支那是常有的事，肚子大了，捡东西都有点困难。可是心理上，有一句话叫为母则强。

为了给未来的宝宝做个表率，也为了给他一个更好的未来，我努力让自己变得更加强大：工作不能落，写作不能丢，周末去做各种讲座分享会，还要利用空闲时间学习各种孕期知识，知道该定期吃什么做什么，什么才是对宝宝最好的，成为准妈妈群里有名的"百事通"。要知道，谁也不是生下来就会给人当妈的，怀孕前我连妇产医院的门在哪都不知道啊。

有人问我不觉得这样的日子很委屈吗，女人怀了孕，就应该好好养着啊。我说不觉得，当你一直往前冲的时候，根本不会想到委屈这件事，况且，我自己特别享受现在的状态，觉得每一天都比前一天更有希望。

我曾试过忙到回家了倒头就睡，脸都顾不上洗，连喊声累的时间都没有。倒是哪天闲下来了，还真是不停碎碎念：心好累啊心好累啊。

世道艰难，人生不易，谁都一样。比如开头那个怀了孕的姑娘，我说："你妈一把年纪了要照顾你，还得操心你肚子里的孩子，起早贪黑做完饭，吃不吃还要看你的脸色，她不累吗？她比你累多了。只不过当你有大把时间的时候，就会把全部的精力都聚焦在自己身上，觉得自己是最艰难的那一个，全天下都对不起你。"

再比如林黛玉，不比薛宝钗、王熙凤每日在大观园里忙忙碌碌的交际花生活，整日养尊处优一腔闲情没处释放，只好没日没夜自怜自伤胡思乱想，随便一点小事都能联想到自己寄人篱下的悲惨命运，连几条旧手帕都能激起一大段内心OS。她最后不是病死的，是自己把自己憋屈死的。

如果说内向的人容易闲出病来，外向的人则容易闲出是非来。

小时候住筒子楼，楼里有两个女人是死对头，特别爱打架，每次打架的起因都简单得可笑，不是A在B门口吐了一口痰，就是B跑A门口梳了一地头发。有一次打得凶了，一个人把另一个人头皮都扯下来一块。

说起来，两个女人有一个共同点，就是都没有工作，孩子又都上学去了，每天在家里无所事事，自然除了打麻将就是打架。

美国作家雷蒙德·卡佛说过一句话：我还是相信工作的价值：越辛苦越好。不工作的人有太多的时间来沉溺于自己和自己的烦恼之中。

把悲伤、压抑、愤懑的时间都用来找点事情做吧，如果你整日都陷入无边的烦恼中，不是上天辜负你，也不是别人忽视你，说到底，就是你太闲了。

怒火逐渐燃烧不停止，原因之一在于没有灭火器。对我们来说，灭火器是什么呢？其实就是几句自我提醒的话和警告。发怒时给自己一句警告，或者事先制作一些标志物提醒自己，及时阻断怒火，使自己保持清醒，就能避免不理智所导致的麻烦。

静静，就能有效地熄灭愤怒的火苗

根据心理学家的测算，人在愤怒的时候，智商是最低的，这时人们会做出非常愚蠢的决定，也会做出非常危险的举动。人是感性动物，生活在爱恨情仇的交织中，而人生又是处在不断的选择之中，有些选择或许无关痛痒，有些选择却事关全局；有些失误可以尽力弥补，有些却无力回天。因生气而做出错误决定的经历，每个人都遇到过。如果你没有被那错误的决定所伤害，只能说你是幸运的，但幸运并不一定永远都会垂青于你。所以说，人做事不能太冲动，要学会三思而后行，这是让你一生都不偏离人生发展轨道的一句良言，你应该牢记在心中。

人若想让自己少犯一些错误，做事就需要保持冷静的头脑，尤其在做决定的时候，要学会三思而后行，不能冲动。下面让我们来看看林肯和斯坦顿之间的一个故事吧。

一天，美国的陆军部长斯坦顿来到总统林肯的办公室气呼呼地说，一位少将用侮辱的话指责他偏袒了某些人。林肯建议斯坦顿写一封内容尖刻的信回敬那个家伙。斯坦顿立刻写了一封措辞激烈的信,然后拿给林肯看。

"很好!很好!"林肯高声叫好,"要的就是痛快地骂他一顿!你真是写绝了,斯坦顿。"当斯坦顿把信叠好装进信封时,林肯叫住了他:"你要干什么?""寄出去呀。"斯坦顿有些摸不着头脑了。"这封信不能发,快把它扔到炉子里。"林肯大声说,"生气时的决定多是不妥的。凡是生气时写的信,我都是这么处理的。这封信写得好,写的时候你已经解了气,现在的感觉好多了吧?那么就请你再消消气,问问自己可以有多宽阔的胸怀,最后再写那封信吧!"

一个国家的总统都能如此地教育他的部下,做事要冷静,要三思而后行,那么对于我们这些普通的人来说,还有什么理由不去冷静地处理问题、解决问题呢?还有什么理由不去多想一想后再做决断呢?

人活在世上,难免会有受气的时候,如果把这种不满的情绪积压在心中肯定会造成一定的心理伤害,这是在拿别人的错误惩罚自己;但是如果在气头上进行反击也不是最好的办法。因为我们在生气的时候,会失去理智,从而减弱对事物的判断力。据说,当人在发火生气的时候,他的智商只有5岁小孩的智商那么高,就凭这么低的智商冲动地做出决定,能行吗?肯定不行了。所以说,人遇事还是要冷静下来,好好考虑一下再做决定。

有一位企业家素以行事稳健著称,即便身处瞬息万变的商界之中,他也几乎没有犯下过什么致命性的大错,因此,他所经营的公司日渐成长。几年后,他要退休了。

在荣退茶会上,记者们问他这几十年来的成功秘诀,他微笑地说:"其实我没什么特别的秘诀,我之所以能顺利,是因为我懂得在愤怒的时候少说话、少做决定,所以才不容易坏了大事。"短短的一句话,却给当天在场的人上了一课。

企业家的话其实也在启示我们，人做事不能太冲动，要学会三思而后行。尤其在你愤怒、恼火的时候，更不要轻易地做出决定，以免给日后造成不必要的损失。

人因为自己一时冲动，而导致失败的例子有很多，究其原因就是做事不经过大脑考虑所致。

为了避免因为冲动而自酿苦果，可以尝试下列办法：一是遇事先不要忙于做决断，而要问问自己，这件事情发生的原因是什么，如果我做这样的处理，是不是有点武断；二是努力学习，不断增长自己的见识，提高自己对问题的分析判断能力；三是放低姿态，主动向别人请教，多听、多借鉴别人的建议。

我们常听到这么一句话：人生最大的敌人，不是别人，而是我们自己。如果我们不注重对自制力的培养，只是一味地纵容自己，这就等同于在毁灭自己。成功者之所以成功，就是因为他们总是不断反省，永远自律。

控制情绪，要注重自制力的培养

我国著名的教育家张伯苓，他长期担任南开大学校长，他对学生以严厉而出名，不仅仅是对于学生如此，他对于自己的要求也甚为严格。

有一次上修身课的时候，他看到一名学生的手指被烟熏得焦黄，于是便指责他说："你看，吸烟把手指熏得那么黄，吸烟对青年人身体有害，你应该戒掉它！"但让他没想到的是，那位学生立刻反驳道："您不是也吸烟吗？那您凭什么来说我呢？"张伯苓被这名学生的反问问得说不出话来，憋了一会儿，他将自己的烟一撅两段，然后坚定地说："从此以后，我不抽烟，你也不要再抽！"下课以后，他请工友将自己所有的雪茄烟全部拿出来，当众销毁，工友非常惋惜，舍不得下手。张伯苓说："不这样不能表示我的决心，从今以后，我跟同学们一起戒烟。"从那次以后，张伯苓就再也没有抽过烟。

自我控制，的确是一种智慧。一个能很好地控制自己的人，可以支配自己的情绪，支配自己的命运。而一个人想要很好地自我控制，极其重要的一点就是不能放纵自己的欲望，如果为了寻求眼下的满足，以牺牲未来为代价的话，那么这种代价所导致的损失将是你终生都无法弥补的。所以，及时的自我控制是非常重要的。

但控制自己却并非一件容易的事情，因为我们每个人心中永远存在着理智与感情的斗争。不顾一切、想方设法地达到自己的目的，这并不是对人生和自由的追求。我们必须具备战胜自己的感情和控制自己命运的能力。一个人如果任凭感情支配自己的语言、行动，那就使自己变成了感情的奴隶。不能自我控制，往往会使自己做一些错误的事情。而在与他人的交往过程中，运用高度的自我控制能力与他人求同存异，也是让自己走向成功的一个重要因素。

无论因为什么事愤怒，都说明你看待问题的角度不够正确或是把问题想得太严重了。凡事可大亦可小，关键是你如何看待它。如果你不把它放在眼里，而是将其看成一件微小的事，它就不会影响到你。反之，如果你总觉得这件事很严重，那么你就会失去主动权，而被它左右。

保持冷静，不要为小事抓狂

在非洲草原上，有一种不起眼的动物叫吸血蝙蝠，它的身体极小，却是野马的天敌。这种蝙蝠靠吸动物的血生存。在攻击野马时，它们常附在野马腿上，用锋利的牙齿迅速、敏捷地刺入野马腿，然后用尖尖的嘴吸食血液。无论野马怎么狂奔、暴跳，都无法驱逐这种蝙蝠，蝙蝠可以从容地吸附在野马身上，直到吸饱才满意而去。野马往往是在暴怒、狂奔、流血中无奈地死去。

动物学家们百思不得其解，小小的吸血蝙蝠怎么会让庞大的野马毙命呢？

于是，他们进行了一次试验，观察野马死亡的整个过程。结果发现，吸血蝙蝠所吸的血量是微不足道的，远远不会使野马毙命。动物学家们在分析这一问题时，一致认为野马的死亡是它们暴躁的习性和狂奔而使自身大量失血所致，并不是被蝙蝠吸血而死。

一个心智成熟的人，必定能控制住自己所有的情绪与行为，不会像野马那样为一点小事抓狂。但是现实生活中，就有很多人为了一点小事而抓狂、闹情绪。

有一个人夜里做了一个梦，在梦中，他看到一位头戴白帽、脚穿白鞋、腰佩黑剑的壮士大声地斥责他，并向他的脸上吐口水，吓得他立刻从梦中惊醒过来。

次日，他闷闷不乐地对朋友说："我自小到大从未受过别人的侮辱，但昨夜梦里却被人辱骂并吐了口水，我心有不甘，一定要找出这个人来，否则我将一死了之。"于是，他每天一早起来，便站在人潮熙攘的十字路口，寻找梦中的敌人。几个星期过去了，他仍然找不到这个人。结果，他竟自刎而死。

看到这个故事，你也许会嘲笑那个人的愚蠢，做梦乃是一件极其平常的小事，做噩梦也是常有的事，怎么能为此大动干戈呢？但现实生活中不乏这样的人：

上班时堵车堵得厉害，交通指挥灯仍然亮着红灯，而时间很紧，你烦躁地看着手表的秒针。终于亮起了绿灯，可是你前面的车子迟迟不启动，因为开车的人思想不集中。你愤怒地按响了喇叭，那个似乎在打瞌睡的人终于惊醒了，仓促地挂上了档，而你却在几秒钟里把自己置于紧张而不愉快的情绪之中。

中国有句古话说："九层之台，起于垒土；千里之堤，溃于蚁穴。"有的时候，事情虽小，但杀伤力却很强，小则破坏人的心情，大则可以让人前功尽弃，甚至送命。

基普林跟佛蒙州的一个名叫卡罗琳·巴勒斯蒂的姑娘结了婚。婚后，基普林便在该州的布拉特利博罗市修了一座非常漂亮的房子，然后搬到那儿住下来度过他的垂暮之年。他的大舅子比特·巴勒斯蒂是他最要好的朋友，他俩工作、休息都常在一块儿。

后来，基普林买下了巴勒斯蒂一块地皮，并互相说定：巴勒斯蒂有权收割这块地上的青草。可是有一天巴勒斯蒂看见基普林正把这块草地改建成花园，这可把他气炸了，当即出言不逊，骂将起来，基普林也不示弱，于是两人因这块草地结下了冤仇。

几天之后，基普林骑着一辆自行车在路上碰见了他的大舅子巴勒斯蒂，巴勒斯蒂正坐在一辆双套马车上，马车挡住了基普林去路。巴勒斯蒂硬要基普林下自行车让他过去。就因为这么一点小事，基普林丧失了理智，发誓要到法院去告他的大舅子。一场耸人听闻的案子就这样发生了。新闻记者们从各大城市向布拉特利博罗蜂拥而至，消息传遍全世界。

基普林从这次官司中得到了什么呢？一无所获。相反，他还不得不按照法庭宣判，他跟他的妻子一起永远离开他在美国的这座住宅！就因为这么一点小事，就因为园子里的一些青草，带来了许多怨恨和痛苦。"要是你能保持内心的平静，而不管他人如何有负于你就好了！"写书的作者如此写道。

两千多年前的古雅典政治家伯里克利斯就曾说过："请注意啊，先生们，我们太多地纠缠于小事了！"这一警言同样也适用于今天的人们。生命如此短暂，如果我们将精力都花在小事上，那岂不是浪费了宝贵的生命？

理查德．卡尔森的一条黄金法则是：不要让小事情牵着鼻子走。他说："要冷静，要理解别人。"

他的建议是：表现出感激之情，别人会感觉到高兴，你的自我感觉会更好。

学会倾听别人的意见，这样不仅会使你的生活更加有意思，而且别人也会更喜欢你。每天至少对一个人说，你为什么赏识他，不要试图把一切都弄得滴水不漏；不要顽固地坚持自己的权利，这会花费不必要的精力；不要老是纠正别人，常给陌生人一个微笑；不要打断别人的讲话；不要让别人为你的不顺利负责。要接受事情不成功的事实，天不会因此而塌下来；请忘记事事都必须完美的想法，你自己也不是完美的。这样生活会突然变得轻松得多。

当你抑制不住生气时，你要问自己：一年后生气的理由是否还那么充分？这会使你对许多事情得出正确的看法。

在日常生活中，我们会遇到各种各样的事情，如果我们遇到不合自己心意或不顺心的事时就发脾气，这样的人就很容易不分青红皂白地指责别人，来排遣自己心中的不满，这实际上是把自己的快乐建立在别人的痛苦之上。

多替别人想想，你就不容易生气

在这里，我想问那些经常生气的人一个问题：在你发怒之后，有没有仔细想过，你这样的行为、做法是正确的吗？有没有替别人想过，你的这种行为给别人造成了什么。其实每个人都是有脾气的，但为什么有的人就能冷静处理愤怒，为什么你就不行呢？虽然发脾气是你的一时之气，是你的意气用事，在这个基础上，你是否想过事情的原委错误究竟发生在哪里。你这样盲目地指责他人，当然对你有所了解的人能容忍你的所作所为，可不了解你的人心里会怎么想，即使他们嘴上不说，但心里还是会记住这件事的，也许你们之后的关系就会有点儿生疏了。

有这样一则故事：

小王一家三口搬进新居的两个月后，楼上的邻居也搬进来了。问题随之而来：邻居家的空调外机的水正好滴在他家空调的外机上，滴水声让他和家人难以入眠。

楼上空调一开，小王家就没法安生了。滴水声让他看书不入脑，写作难静心，梦中常惊醒；小王妻子则近期常失眠，半夜醒来听到滴水声，往往睁眼到天亮；儿子住在另一房间，也深受其害。因而他们决定商量对策，该怎么处理这件事，小王一家三口为此讨论了整整一个上午。

妻子说："我现在就上楼去找他们理论：'你们家的空调严重地干扰了我家的正常生活，限你们三天之内修好。不然的话，我找相关部门投诉你！'"妻子在税务局工作，一开口就很冲。

"别别别，你这种态度去和人家理论，八成会越弄越僵，这不是上策！"小王摆摆手说。

儿子则也气愤地说："依我看，不如用棍子把他们的外机捅下来，你不让我安生，我也不让你舒服。""你这不是明显的'布什派兵攻打伊拉克——师出无名'吗？那样对方还不和你打起来？"小王制止。

儿子挥动着拳头："怕啥！我是体校毕业的，若是论打架，他们一家子也不是我的对手！""你冷静点好不好，用武力是解决不了问题的！"小王摇了摇头。

这时候，有人敲门。

小王打开门，只见住在楼下的李老师手中拿着一根一米长的塑料管站在门外，微笑道："我们是老邻居了，我有件事情请您帮忙。"小王忙回报一个甜甜的微笑："有事请讲。"

"是这样，我夫人心脏不太好，近来常失眠。自从您家开了空调后，那水滴落在我家雨棚上，声音比较大，让我夫人常常半夜睡不着。所以，我特地买了一段塑料管，想劳驾您把空调的排水管道加长一些。这样，水就不会滴在我家雨棚上了。不好意思，为此打扰您，我们深感不安！"李老师一边说一边赔着笑脸。

小王听到这儿反而不好意思了："真对不起，这事都怪我没考虑周全，我马上就去把滴水管加长。至于塑料管么，我们家有。""别客气，就用这根吧。"李老师硬将塑料管塞到小王的手中，说毕便下楼了。

关上门后，妻子笑道："人家老师就是不一般，看来他已告诉我们解决问题的办法了！"

小王也惭愧道："许多时候，我们不如多替别人想想，这样就不会生气，也更容易把问题解决好。"

的确，就像小王说的一样，多替别人想想，就不容易生气。

替别人着想是一种美德，是解决问题的首要途径。换个角度来讲，替别人着想，就等于释放了自己，改善了自己的心境，使自己不容易生气。当我们发自内心地替别人着想时，同时自己心里的烦恼也能得到解脱和排遣。

有时候，人的脾气就好比一碗满满的水一样，当有事情影响自己的情绪时，脾气稍不留神就会溢出来。所以要学会忍耐那些不好的情绪，但人的忍耐力是有一定限度的，在自己一时的气愤之下是很难控制自己的情绪的。当遇到这种情况时，我们不如事先在自己的头脑里思考一下整件事的来龙去脉，想清楚后也许情绪就会好多了。

有位哲学家曾这样说过："替人着想好比是一种心理解脱，体谅别人的同时，也使自己得到解脱。"这个道理很简单，给予他人快乐也就是给自己快乐。所以，我们每一个人都要用一颗平常心去对待每一件事情。得罪一个人容易，但与一个人结识有时比登天还难。如果要想结识更多的朋友，就必须懂得控制自己，用宽大的胸怀去体谅别人，为他人着想。

> 不理会社会上的判断标准，不去在意他人的评说和眼光，为自己而活，让自己拥有一种真正的生活和发自内心的幸福状态。

他人眼光那么多，你在意不来的

人生在世，总觉得活得很累，在你少年的时候，你需要为升学考试努力，如果你的成绩不是那么理想，会被父母斥责，被亲朋看低；在你年轻的时候，你需要拼命工作，如果你的工作不如意，你的生活将会面临难题；在你壮年的时候，你需要赡养你的父母，照顾你的孩子，好像生活永无翻身之日；在你老年的时候，本来应该好好地享享清福，但是如果你的子女不孝，如果你的身体不好，你又会陷入困境……人的一生好像都活得很累！其实，如果知道适时地放松自己，在无聊的煎熬中多做一些有意义的事，人生就会大为不同了。

一般情况下，我们认为自己在为别人而活，然而事实上，我们是在为自己而活，只是没有意识到我们每天所做的工作是为将来的幸福着想。如果认为付出都是为别人，那么我们就会产生一种不平衡的心理，阻碍我们的发展。但是反过来想一想，如果我们不为别人做事情的话，我们就无法在这个社会上很好地生存。怀有这样一颗感恩的心，从别人的角度出发，我们就会豁然开朗，不必整日沉浸在孤苦的煎熬中。

不过很多时候，我们很难意识到在为自己而活。既然都认为是在"为他人作嫁衣"，就要从中抽出空闲偶尔为自己而活。那么，怎样做才算为自己而活呢？"忙里偷闲"有时就是一种不错的选择。如果一个人太过于绷紧心弦，整天忙忙碌碌，又是责任又是压力，这样一年四季下来都在忙碌中度过，不知道适时地放松自己，会给自己的身体造成超负荷。例如，如果你长时间在一个地方坐着，你老年患高血压的概率就要比那些适时走动的人要高。当然，如果你像飘零的雨燕长时间在外奔波，也会使你身心疲惫，患上一些不治之症。

那么，既然这样做不行那样做也不行，我们应该怎样做呢？简单的道理就是，做好当前的自己，必要的时候出去放松。可以到大自然中看柳绿花红，听鸟语溪声，可以做一些有意义的活动，例如跑步、打羽毛球，还可以和喜欢的人漫步、到外面旅游，可以看喜欢的电视，听喜欢的音乐……总之，为自己活着，享受自己的生活。

曹雪芹是伟大，只是他太劳苦了，他甚至还没有完成《红楼梦》就与世长辞了。诸葛亮也是一样，由于过度操劳，临死前留下了未完成统一大业的遗憾。虽然我们不一定能像名人一样拥有卓越的人生，但我们起码得为自己而活，不能只知道工作、工作、再工作，让自己劳累、劳累、再劳累。那些不辞劳苦的人大部分是某一行业的精英，但我们不提倡那种"忘我"的精神。因为过度劳苦累垮了身体、害了病，甚至到了要丢掉性命的光景，何苦呢？

只知道工作的人，他是不会享受到人世间的亲情、爱情和友情的。人的一生到底在追求什么呢？是功、是利，还是其他的林林总总呢？其实一个人完全没有必要让自己那么劳累，要知道除了有工作要做之外，还有许多其他事情等待自己去做。

常常有人会提出这样的疑问：人活着究竟是为了什么？

其实，答案很简单：人活着，就是为了活给自己看，也就是偶尔为自己而活。

在贫寒的生活中，非洲人哈利默父子长达八载，一心一意地练习长跑，父亲哈利默是儿子的教练。八年中，父子俩从来没有理会过别人怎么生活，不因与他人的生活差距而陷入深深的烦恼，而总是甘于寂寞，进行着自己的追求。

八年的磨砺，八年的坚韧，小哈利默的长跑速度有了惊人的长进。他先是夺得非洲长跑冠军，后又在世界锦标赛上夺冠。父子俩把这一切归功于对外界的淡漠，他们说从来都没有谈论过别人的生活是怎样的优越，只是做到活好自己，为自己而活，一心一意追求着自己的梦想。

生活中，有时就要有哈利默父子这样的精神。不理会社会上的判断标准，不去在意他人的评说和眼光，为自己而活，让自己拥有一种真正的生活和发自内心的幸福状态。

偶尔为自己而活，绝不是自私，而是为了让自己和身边的人活得更好。一个人不必一直都绷紧神经过日子，该放松的时候一定要放松，以免由于过度操劳让自己得不偿失。如果能做到手头上的事情和享受生活两不误的话，那是一种伟大的境界，常人达不到的境界你能达到，你就是一位智者。

人要快乐地活着，恐惧是心灵的杀手，一个人只有消灭了恐惧，使自己得到适当的放松，无论处在何种环境面对何种难题，他才不会记在心头，才能坐得稳、睡得安宁！

07

赢在职场，
要能力更需要好脾气

可以这么说职场的成功才是人生的成功。可是，如何在职场上获得成功呢？在大多数人看来，那就需要拥有相应的能力，并加上勤奋努力。然而，在现实中，像这样的人不在少数，但他们的状况似乎并不怎么如意。为何如此？只不过是他们没能控制住自己的情绪，脾气不好罢了。因为，职场需要的是一个和谐融洽的环境，需要的是团队、人与人之间的协助精神。

没有老板，员工就失去了赖以生存的就业环境；而没有了员工，老板想追求利润最大化也只能是镜中花、水中月。

你，不是在为老板或者别人工作

在现实中，有不少人认为，员工和老板天生是对头。常常有人抱怨："我假装为老板工作，老板假装为我的工作支付薪水。"人们最常听到的是员工和老板之间相互抱怨，即使偶尔彼此关心一下，也让人觉得有点假惺惺的。

究其实质，老板和员工只不过是两种不同的社会角色，只是社会分工的不同而已，而且这种角色和分工是自然选择的结果。看看那些富豪们的履历就知道，没有几个一生下来就注定会当老板的，他们大多数人都是从员工一路走过来的。当不当老板，能不能当老板，是性格、志向、理想、兴趣、勇气、机会等很多因素决定的。

在这不尽完美的世界上，老板与下属间的关系好的时候，像桩美满的婚姻，关系破裂之后，如同一场大灾难。因此，理顺二者的关系无论对员工还是对老板来说，都是至关重要的。

自然界中有许多共生现象。比如说豆科植物的根瘤菌，它本身具有固氮的功能，为豆科植物提供了丰富的营养，同时它又可以借助豆科植物获得生存的空间；再比如非洲热带雨林中的大象、犀牛等，它们的身体表面往往会有一些寄生虫，一些鸟类等小动物也栖息在它们身体表面以这些小寄生虫为食，同时，大象、犀牛也避免了寄生虫对它们的侵害，可谓是互惠互利。

这种现象在自然界不胜枚举，在生物学中统称为共生现象。

老板与员工的关系也是这样，从社会学的角度讲，老板和员工是共生的关系。没有老板，员工就失去了赖以生存的就业环境；而没有了员工，老板想追求利润最大化也只能是镜中花、水中月。

历史上人们对师徒共生关系认识得很透彻，新艺人花费大量的时间和卓有成就的艺术家相处；弟子长时间跟随着师父；学徒耐心地向工匠学手艺；学生借着协助教授做研究而学习……都是借着协助与模仿，从而观察成功者的做事方式。

在古代山西的票号制度中，就有着这方面的规定。学徒期间，必须无条件听从师傅的命令，并严格按照店规工作做事；学徒满三年，可以申请转为正式伙计，遇事可以和师傅磋商解决。

其实这就是一个共生关系的例证。老板把员工带入行，承担培养员工的精力和费用，员工为老板做事。当员工学好了本事之后，老板就要为其提供更广阔的发展空间。但是，员工也需要在此期间尽心尽力、兢兢业业。

在现代的企业当中，由于法律的健全和人性的自由改变了这种纯粹自然的共生关系，员工和老板成了相对自由、自主的个体。老板没有权力像要求学徒一样要求员工，员工也没有必要完全听从老板的吩咐。

于是，一些人就完全"自由"了起来，他们将老板当作养家糊口的摇钱树，忘记了自己应该尽到的义务与责任。争取少干活多拿钱，就是这其中典型的表现之一。在这样的心态下，共生的关系在某种程度上被破坏，一部分员工把老板当作了敌人，只要不在老板的火力控制范围内，就万事大吉，工作离开了老板的监视，就可以不了了之。

现在的企业竞争越来越激烈,如果雇员和老板之间彼此针锋相对,互不谅解,自然无暇抗拒来自外部的竞争。只有愚蠢的员工才会耗费大量的精力去和老板争斗,聪明优秀的员工会不断调整自己的思路,与老板保持一致。

年轻人以玩世不恭的姿态对待工作,他们频繁跳槽,觉得自己工作是在出卖劳动力;他们蔑视敬业精神,嘲讽忠诚,将其视之为老板盘剥、愚弄下属的手段。在他们看来,老板是靠不住的。

对于老板而言,公司的生存和发展需要职员的敬业和服从;对于员工来说,需要的是丰厚的物质报酬和精神上的成就感。从表面上看起来,彼此之间存在着对立性,但是,在更高的层面,二者又是和谐统一的,公司需要忠诚和有能力的员工,业务才能进行;员工必须依赖工作平台才能发挥自己的聪明才智。

即使你的老板是一个心胸狭隘的人,并不能理解你的真诚,珍惜你的忠心,你也不能因此产生抵触情绪,将自己与公司和老板对立起来,千万不要觉得老板靠不住,也不要太在意老板对你的错误评价。毕竟企业领导也是有缺陷的普通人,也可能无法对你做出客观的评价,这个时候你应该学会自我肯定。只要你竭尽所能,做到问心无愧,你的能力一定会提高,你的经验会丰富起来,你的心胸就会变得更加开阔。

在企业中,老板承担的风险是最大的,企业倒闭了,老板可能要跳楼,而员工可以到别的企业去打工,损失很小。所以在这种高风险、高责任的情况下,老板最相信的人是他自己,他怎么可能随便相信别人呢?所以老板的信任是一点一滴给予下属的,他要看你的表现,你表现了多少,他就给你多少，不要奢望老板一下子就很相信你，这样反而是企业危机的开始。如果你想出头，就要有接受老板各种考验的准备，因为他相信忠诚是考验出来的，不是听你嘴上说的。

张小玲是一家超市的工作人员，每当她看到一些在外企或是大公司上班的同学时，总是抱怨自己没有运气找到像他们一样的好公司，认为自己的前途一片渺茫。她的这种意志慢慢地影响了她的工作，以至于对待工作马虎了事，什么事情只求过得去就够了。

一天、两天……日子就这样过着，张小玲愈发感觉工作的淡然无味，愈发感觉自己前途的迷茫，终于有一天，她忍不住将心中的话告诉她最好的朋友——一位在某家大企业中工作，并且小有成就的人。

"你能告诉我，什么样的单位才是你理想的吗？"她的朋友问。

"至少薪水要比现在高，发展空间要比现在大。"张小玲说。

"难道说你现在工作的单位就不能给你更高的薪水，不能提供你更为广阔的发展空间吗？"朋友严肃地说道，"我劝你还是努力地工作，为你的单位多创造一点儿价值。当你不再把老板的监视当成工作的动力之后，你所希望拥有的一切都会随之而来。你要知道任何一个老板都会重用为他们带来经济效益的员工。任何一家企业中拥有良好个人发展前景的员工，都是因为他们确确实实能够站在老板的角度上来考虑问题……"

自从那次谈话之后，张小玲明显改变了。她努力工作，努力为企业创造业绩，慢慢地，随着她业绩的提高，所获得的薪水也不断提高，现在的她已经成了深受老板器重的核心人物。

我们非常在意老板对自己的看法和评价，希望得到他们的注意和表扬。这是一种依赖心理，这种依赖心理不是一朝一夕就可以去掉的，在这种心理的惯性下，我们一方面希望为自己工作，做一个快乐的员工，但是同时又抹不去私欲的膨胀，所以还是会对老板提出种种要求。

另一方面，当不成熟的老板伤害了员工，员工会报复或者损害企业的利益，这样，老板对员工又会产生更多的不信任。如此相互影响，老板和员工的关系就出现了今天的局面。在这个过程中，如果员工能够理性一些、现实一点儿，摆正自己的心态，就会在工作中得到更大的收获。毕竟，只有你自己才能为自己的未来负责。

> 被人误解或受点委屈是生活中常有的事，此时不要急于澄清自己，而要换个角度来分析，把它看作是提高自己的阶梯，那么，就有可能取得更大的进步。

换一种角度看老板的批评

一个人从小到大总会因为不同的原因经常遇到来自各方面的批评，生活中如此，工作中亦是如此，面对批评是一个不可回避的问题。

嵇鸿先生是一位著名的作家，他在上海读中学时，有一次国文老师布置了一篇题为"上海一角"的命题作文。

这个命题立即让嵇鸿想起曾在虞洽卿路(今西藏路)与某路交界处一个做道场的场面，20世纪50年代，这种歌舞升平景象与日本侵略者侵占上海后的严峻形势形成了强烈的反差。嵇鸿对此感触颇深，他只觉得有千言万语在脑子里翻腾。他以此为题材提笔写作，在纸上展现了一幅人鬼共舞的画面。

谁知发下作文本后，他见到先生的批语竟是：是否出自本人之手？当看到这句评语后，嵇鸿的心里十分平静。他波澜不惊，甚至还喜出望外。

这是为什么呢？

原来他产生了这样一个想法：先生既然怀疑我抄袭，正说明我的作文已非同寻常。从此他信心大增，后来，终于走入文坛和讲坛。

换上别人，这句"是否出自本人之手"的评语也许会使他们像被什么刺了一样，一跳三丈高，甚至从此对学习采取冷淡、敷衍的态度，自身的潜能也就因此得不到有效开发和释放。而嵇鸿先生正是因为善于辩证地看问题，才能够冷话热听、辣话甜听，从中得到激励，因此终身受益，成了作家、教授。

被人误解或受点委屈是生活中常有的事，此时不要急于澄清自己，而要换个角度来分析，把它看作是提高自己的阶梯，那么，就有可能取得更大的进步。

有一位技术员叫阿伦，他大学毕业参加工作没多久就因一件小事出错被老板毫不客气地训斥了一顿。

"怎么搞的，这么一点事都做不好。这样下去工作还能干好吗？"话语虽然不多，但语气严厉，态度强硬。

年轻气盛的阿伦听了这些话，自尊心受到了极大的伤害，心里的火气直往上冒，最终忍不住顶撞了老板。

老板大发雷霆，虽没有解雇他，但对他已失去了信任。

这种责骂，语气虽然强硬，心里却充满了期望和信赖。没有一个人会责骂他不关心的人，这一点，你一定要明白。

当然了，如果说受到老板批评时心里一点儿也不难受、一点委屈也没有，那是不可能的。当头棒喝总是让人受不了，瞬间的反感甚至反抗心情都会涌现出来，脸色难看，消极对抗，这是难免的。但恢复冷静后，就应考虑老板责骂你时，是否在留意你的反应。

一般来说，老板在责备一个他所欣赏的员工时，尽管口气严厉，但其心里更多的是担心，常会想："说的是不是过分了点？""会不会被误解？""我想他不会误会我的用意吧。"等等。表面上虽然看着很生气，但内心却忧心忡忡。

所以，员工也应该体谅老板的苦衷，正确对待老板的批评。过几天你如果以开朗的心情主动与老板打招呼："那天非常感谢您，我受到很大启发。"

老板听到你这样说就会放心，同时对你产生亲近感，觉得这个人相当可靠，因而加深对你的信赖。

我们一定要知道一点，几乎所有的人在批评人之后都会不好意思。一个老板批评员工，特别是大叫大嚷之后，冷静下来会觉得有些过火。这时，如果员工还要怄气，或始终闷闷不乐，老板就会感到十分失望，心想："这个人受不了一点挫折。"或者认为你不知好歹，不了解他的一片苦心等等。

清楚了老板批评员工之后的这种心理特点，就应当充分利用这一特点，把老板的批评当作自己进步的一次机会。当老板批评了你之后，他感到不好意思的时候，正是员工求得老板谅解的大好机会。最佳的方法是直率地道歉，改进被老板指责的错误，请老板以后要多加指点。如此，老板内心会非常满意，心想："这个人不错，以后有什么重要的事可以托付给他。"

这样一来，你在老板眼中就成了值得信赖的员工，这对你以后的发展将相当有利，而你只不过做了一些最简单不过的事情罢了。

在生命的长河中,给别人一点空间,也就是给自己一片回旋的余地,你给予别人的是理解与宽容,别人回报你的却可能是百倍的温情。

学会宽容,你就抛却了烦恼

能够容忍别人的过失,以宽仁为怀,是一种非常优秀的品质。很多成功者就是凭借对他人的宽容走上了成功之路的。

有一个地方,发生了一场惨烈的战争,几乎所有的士兵都丧命于敌人的刀剑之下。

命运将两个地位悬殊的人推到一起:一个是年轻的指挥官,一个是年老的炊事员。

他们在奔逃中相遇,两个人不约而同地选择了相同的路径——沙漠。追兵止于沙漠的边缘,因为他们不相信有人会从那儿活着出去。

"把我也带上吧,年轻人,丰富的阅历教会了我如何在沙漠中辨认方向,我会对你有用的。"老人哀求道。指挥官麻木地下了马,他认为自己已经没有了求生的资格,他看着老人花白的双鬓,心里不禁一颤:由于我的无能,几万个鲜活的生命从这个世界上消失,我有责任保护这最后一个士兵。他扶老人上了战马。

金色的沙丘遍布了整个沙漠,在这茫茫的沙海中,没有一个标志性的东西,很难辨认方向。"跟我走吧。"老人果敢地说。指挥官跟在他的后面。灼热的阳光将沙子烤得如炙热的煤炭一样,喉咙干得几乎要冒烟。他们没有水，也没有食物。老人说："把马杀了吧！"年轻人怔了怔，唉，要想活着也只能如此了。他取下腰间的军刀……

"既然没有马了，就请你背我走吧！"年轻人又一怔，心想，你有手有脚，为什么要人背着走，这要求着实有点过分。但长期以来，他都处在深深的自责之中，老人此时要在沙漠中逃生，也完全是因为他的不称职。他此刻唯一的信念就是让老人活下去，以弥补自己的罪过。他们就这样一步一步地前行，在大漠上留下了一串深陷且绵延的脚印。

无边无际的沙漠把他们困在其中，到处是灼烧的沙砾，满眼是弯曲的线条。白天，年轻人是一匹任劳任怨的骆驼；晚上，他又成了最体贴周到的仆人。然而，老人的要求却越来越多，越来越过分。他会将两人每天总共的食物吃掉一大半，会将每天定量的马血喝掉好几口。年轻人从没有怨言，他只希望老人能活着走出沙漠。

后来两人变得更虚弱了，直到有一天，老人奄奄一息了。

"你走吧，别管我了，"老人恳切地说，"我不行了，还是你自己去逃生吧。"

"不，我已经没有了生的勇气，即使活着我也不会得到别人的宽恕。"

老人的面容上浮现了一丝苦笑："说实话，这些天来难道你就没有感到我在刁难、拖累你吗？我真没想到，你的心可以包容下这些不平等的待遇。"

"你让我想起了我的父亲，所以我想让你活着。"年轻人痛苦地说。老人此刻解下了身上的一个布包："拿去吧，里面有水，也有吃的，还有指南针，你朝东再走一天，就可以走出沙漠了，我们在这里的时间实在太长了……"老人闭上了眼睛。

"我不会丢下你的，你醒醒，我要背你出去。"

老人勉强睁开眼睛："唉，难道你真的认为沙漠这么漫无边际吗？其实，只要走三天，就可以出去，我只是带你走了一个圆圈而已。我亲眼看着我两个儿子死在敌人的刀下，他们的血染红了我眼前的世界，这全是因为你。我曾想与你同归于尽，一起耗死在这无边的沙漠里，然而你却用胸怀融化了我内心的仇恨，我已经被你的宽容大度所征服。只有能宽容别人的人才配受到他人的宽容。"老人永久地闭上了眼睛。

指挥官矗立在那儿，震惊地缓不过神来，仿佛又经历了一场战争，一场人生的战争。他得到了一位父亲的宽容。此时他才明白武力征服的只是人的躯体，只有爱和宽容大度才能赢得人心。

他把老人的身体放平，怀着宽容之心，向希望走去。

在生命的长河中，给别人一点空间，也就是给自己一片回旋的余地，你给予别人的是理解与宽容，别人回报你的却可能是百倍的温情。

职场中，不少人偏偏斤斤计较，计较自己的一点儿得失，计较别人的一点儿过失。一旦发现别人有什么地方做得不对，就紧紧抓住不放，非要弄个谁是谁非，这样致使自己陷入烦恼无法自拔。其实，很多时候，多一点宽容，多一点理解，换个角度看问题，你会发现事情原来没有那么糟，自己原来可以很快乐。

职业倦怠又称职业枯竭，是指上班族在工作的重压之下所体验到的能量被耗尽、身心俱疲的感觉，渐渐会产生一种疲惫、困乏，甚至厌倦的心理。

积极走出职业倦怠的沼泽

现代社会，生活工作节奏加快，工作压力加大，职场中相当一部分人对工作日渐产生了消极情绪，如一提到工作就感觉非常厌倦，对工作缺乏冲劲和动力，甚至出现害怕工作的情况；刻意与同事保持一定的距离，总是很被动地完成自己分内的工作；对自己工作的意义表示怀疑，并且不再关心自己的工作是否有成就感，或者是无缘无故地怀疑自己的工作能力等。日积月累，就渐渐形成了对工作不上心、玩世不恭的心态。

凯文经过近十年的磨炼终于从一名小小的业务员成长为一名企业管理人，在一家大型企业担任部门经理一职，薪水丰厚，工作也不再像以前那样紧张了，凯文非常有动力，工作开展得也不错。但是做了两年之后，他的工作热情没了，而且一进办公室就头疼，十分厌倦现在的状态，文件没心思审批处理，在市场推广上也没有什么创意性的想法，他负责的业务也停滞不前。

尤其是经过紧张的4天工作，到了星期五，更是没有多大的激情和心情投入工作。每到这时，他就会表现出莫名的烦躁、疲倦，易发怒，工作效率也极差，偶尔情况严重时，他甚至怀疑自己是否还有能力继续工作下去。

凯文的这种工作状态给公司的整体发展造成了很不好的影响，老板也对他越来越不满意，一些重要的业务都转交给与凯文同水平职位的其他人处理,这让凯文更没了动力,整天工作浑浑噩噩,精力分散,效率极低,感觉自己职业前景一片渺茫。

激烈的职场竞争和千变万化的职场变动,会使一些人陷入个人状态的低潮,例如工作情绪不稳定、失眠、惊恐、精力无法集中,甚至表现得抑郁、悲观,专业术语称之为职业倦怠。

职业倦怠又称"职业枯竭",是指上班族在工作的重压之下所体验到的能量被耗尽、身心俱疲的感觉,渐渐会产生一种疲惫、困乏,甚至厌倦的心理,在工作中难以提起兴致,打不起精神,只是依仗着一种惯性来工作。

造成工作倦怠情绪的原因有很多,归纳起来有如下几方面:

沟通不良:对企业内部的沟通状况不满意。

对管理有意见:对自己直接上司的管理方法和风格不满意。

理念不合:个人的价值观和信念,和公司或团体无法契合。

过多的工作量:就业紧缩下,员工承担过量工作,甚至得身兼数职。

有责无权:时常发生在中低层主管身上,他们承担失败的压力,但握有的权力有限。

工资不理想:工资与工作量已不成比例,薪水不增反减的现象不再是新闻。

差别待遇:同事之间争风吃醋,较劲,沟通管道又不畅通,员工也容易产生倦怠感。

人际压力:同事之间没有凝聚力,如同一盘散沙,容易产生倦怠感。

职业倦怠的通常表现是:连续一周以上无法顺利入眠甚至彻夜难眠;清晨时常在恐惧感中醒来;心里像灌了铅,感觉非常沉重,却又不知如何释怀;工作时大脑时常一片空白,无法集中精力;对完成工作没有信心,感到动力不足,工作状态消极,甚至对工作本身产生极度的厌倦感。对工作丧失热情,情绪烦躁、易怒,对前途感到无望,对周围的人、事、物漠不关心;工作态度消极,对服务或接触的对象越发没耐心、不柔和,对身边的环境和同事常有不满情绪。如教师厌倦教书,无故体罚学生,或医护人员对工作厌倦而对病人态度恶劣等;对自己工作的意义和价值评价下降,常常迟到早退,甚至开始打算跳槽甚至转行。

职业倦怠现今已经成为困扰人的一个难题。如果一个人在工作中有以上表现中的一种或几种,那么说明已经陷入职业倦怠的沼泽,这会在很大程度上影响工作效率,而且更会造成精神、情绪、心理的不稳定,变得焦躁不安、抑郁,这会严重影响个人健康和正常生活。如果你出现了职业倦怠的征兆,要积极采取措施,以免影响自己的工作和生活。

由此,我们一旦发觉自己陷入了职业倦怠,就要马上采取措施,使自己尽快走出职业倦怠的沼泽。那么在现实中我们应该如何做呢?

1. 给坏情绪找到出口

职业倦怠产生的原因之一就是工作压力。这种压力并不是人们刚刚进入职场后所要面临的,而往往是那些在某行业工作多年,具备一定工作经验和能力的老职员才能体会到的。正因为对一切内容更能了如指掌,得到更多人的信任,因此对自身要求更严格,常常认为工作结果不尽如人意,所以也无形中给自己背负了更大的压力。这时就要给压力找个出口,给自己紧张的心情放个假。

2. 保持职业新鲜感

要对工作保持热情,其实没有什么秘诀,重要的是要调整好自己的心态。要明白换个工作未必不厌倦,可能每一个职业都会让人感觉单调,所以没必要这山看着那山高。

3. 要努力克服厌倦情绪

厌倦情绪来自心浮气躁。对职业厌倦一方面是因为时间久了人们的工作激情自然下降，另一方面也说明自己浮躁了，什么都想要什么都想干，结果对什么都容易厌倦。就像猴子掰玉米的故事一样，结局是可能什么也得不到，什么也干不了。对工作充满激情，去除浮躁心态，自然能克服厌倦情绪。

4. 自我规划要合理

不少新人对工作缺乏必要的耐心，不愿意从小事做起。有宏图大志固然好，但是一屋不扫何以扫天下呢？一定要静心做事，积累足够的工作经验，然后规划好自己的职业和人生，这样才会感到丰富，充实，永远不厌倦。

5. 缓冲的时间让你不再倦怠

在职业倦怠出现之前，找到一个情绪缓冲的方式，顺利度过这个人生的紧要关头。暂时停下脚步，不代表你必须选择辞去工作，重要的是，给自己一个停下来思考的机会。

>> 别让坏脾气赶走好运气

世间万事万物都是上苍的恩典,而我们也不妨适时地把压力换到另一个肩膀上,把另一个肩膀所承载的轻松换到生活中来,这才是为人洒脱的妙法,这种人生是充实且自由的。

学会把压力换到另一个肩膀上

职场中,总是有一些人一天到晚都在抱怨任务多、压力大,工作效率低,以至出现了心理紧张、痛苦压抑、信心丧失等不良情绪。其实,压力无处不在,尤其是竞争激烈的职场,这也告诉我们逃避、抱怨不是办法,积极寻找原因,释放压力才是最明智的做法。很多时候,看似难以承担的压力,只要换一下肩膀,就可以减轻很多。

两个人经常一起下山去河里挑水,其中一个人挑完水只是喘几口粗气,而另一个人却每次都累得要歇上半天。感觉非常累的人想,那个人的身体还没有我强壮,挑水的桶也不比我的桶小,为什么他挑一担水看上去若无其事,可是我挑一担水却总是累得腰和腿都酸软了呢?

一天清晨,两个人又一起到山下的河里去挑水,来回几次,那个瘦小一点的人好像什么事也没有,而强壮一点的人则累得连一条胳膊也抬不起来了,他的肩膀又红又肿。他终于忍不住了,好奇地喊住那个好像并不怎么累的人说:"让我看看你的肩膀。"那个人脱下衣服让他看个清楚——肩膀只不过稍微有点红罢了,并没有肿起来。强壮的人感觉非常奇怪,自己和瘦小的人挑一样的担子，走一样远的路，为什么自己的一个肩膀又红又肿，而他的肩膀却什么事也没有？

健壮的人问那个瘦弱的人，瘦弱的人也感觉很奇怪，于是，他们决定把两个人的水桶交换来挑。健壮的人挑起一担水，却发觉自己的肩膀越肿越大，而且越来越疼了，而那个瘦弱的人依然一点事都没有。

健壮的人更加奇怪了，两人再次下山挑水的时候，健壮的人让瘦弱的人走在前面，自己亦步亦趋跟在后面，想仔细看看自己和他究竟有什么不一样，可是这样挑了一趟下来，他依然没有发现两个人有什么不同的地方。

瘦弱的人也感到非常奇怪，第二天再下山挑水的时候，瘦弱的人让健壮的人走在前面，自己则走在后面仔细地观察。等两人挑着水走到半山腰时，瘦弱的人终于发觉了健壮的人累的原因，他急忙喊住健壮的人："你为什么不用两个肩膀挑水呢？"

健壮的人愣住了："用两个肩膀挑水？"

瘦弱的人说："是呀，我们有左右两个肩膀，你为什么只用一个肩膀挑水呢？"他边说边挑起他的水桶说："你看，我现在用右肩膀挑水，一会儿右肩膀累了就换到左肩膀上来。"他边说边把肩上的扁担轻轻一挪，担子就跳到了自己另一个肩膀上："你看，这样不就能让其中一个肩膀歇一下了吗？我就是这样左肩换右肩，右肩换左肩的，所以才不会觉得那么累的。"

健壮的人愣住了，是啊，我有两个肩膀，为什么总把担子放在一个肩膀上呢？于是，他也开始边走边不停地换肩了，依然是那么长的山道，依然是那么重的一担水，不同的是，他的肩膀不再肿疼了。

我们都有两个肩膀，可是又有几个人懂得将自己的人生苦难不停地换肩呢？不懂得换肩，就等于失去了人生的一半力量，就会举轻若重，让并不沉重的生活把我们压倒；如果我们能适时地把压力换肩，我们就多了一倍的力量，也容易轻松抵达人生的远方。

世间万事万物都是上苍的恩典，而我们也不妨适时地把压力换到另一个肩膀上，把另一个肩膀所承载的轻松换到生活中来，这才是为人洒脱的妙法，这种人生是充实且自由的。

做同一件事，有人觉得做得有意义，有人觉得做得没意义，其中有天壤之别。做不感兴趣的事所感觉的痛苦，仿佛置身在地狱中；做感兴趣的事，仿佛是一种享受。

做一个享受工作乐趣的人

美国的石油大王洛克菲勒在给儿子写的一封信中告诫儿子："如果你把工作看成一种乐趣，人生就是天堂；如果你把工作当作一种义务，人生就是地狱。"这是一种积极的人生观，相信每个人看了都会从中受益。

他这样写道：

"亲爱的约翰：

"有一点我可以很自豪地说出来，那就是我从未尝过失业的滋味。这并非我运气好，而是在于我从不把工作视为毫无乐趣的苦役，能从工作中找到无限的快乐。

"我总是认为工作是一项特权，它能够带来比维持生活更多的事物。工作是所有生意的基础，是所有繁荣的来源，也是天才的塑造者。工作使年轻人奋发有为，比他的父母做得更多，不管他们多么有钱。工作以最卑微的储蓄表示出来，并奠定幸福的基础。工作是增添生命味道的食盐。但人们必须先爱它，工作才能给予我们最大的恩惠，从而获得最大的结果。

"我刚刚踏进商界时，时常听到这样的说法：一个人想爬到高峰需要很多牺牲。但是，岁月流逝，我开始了解到很多正爬向高峰的人，并不是在付出代价。他们努力工作是因为他们真正喜爱工作。任何行业中往上爬的人都是完全投入到了正在做的事情上,且专心致志、衷心喜爱工作,自然他也就成功了。

"对工作的热爱是一种信念。怀着这样的信念,我们就能把绝望的大山凿成一块块希望的磐石。一位伟大的画家说过:痛苦终将过去,而美丽却永存。

"然而有些人显然不够聪明,他们有伟大的野心,却对工作过分挑剔。他们一直在寻找完美的雇主或工作。事实是,雇主需要准时工作、诚实而努力的雇员,他只将加薪与升迁的机会留给那些格外努力、格外忠心、格外热心、花更多的时间做事的雇员。因为他在经营生意,而不是在做慈善事业,他需要的是那些更有价值的人。

"无论一个人的野心有多大,他至少要先起步,才能一步步走到人生的高峰。一旦起步,继续前进就不是一件十分困难的事了。工作越是困难或不愉快,越要立刻去做。如果他等的时间越久,就变得越困难、越可怕,这有点像打枪一样,瞄准的时间越长,射击的机会就越渺茫。

"我将永远记住第一份工作的经历。那时候,我虽然每天天刚亮就必须去上班,办公室里点着的是昏暗的油灯,但那份工作从未让我感到枯燥乏味,反而很令我着迷和喜悦,连办公室里的一切繁文缛节都不能让我对它失去热情。而结果是,雇主总在不断地为我加薪。

"要明白,收入只是你工作的副产品,出色地完成你该做的事,理想的薪金必然会来。而更为重要的是,我们劳苦的最高报酬,不在于我们所获得的,而在于我们会因此成为什么。那些头脑活跃的人拼命劳作绝对不是只为了赚钱,使他们工作热情得以持续下去的东西要比只知敛财的欲望更为高尚,他们在从事一项迷人的事业。

"老实说,我是一个不折不扣的野心家,从小我就梦想着有朝一日成为富人。对我来说，我受雇的休伊特·塔特尔公司是一个锻炼我的能力、让我一试身手的好地方。它代理各种商品销售，拥有一座铁矿，还经营着两项让它赖以生存的技术，那就是给美国经济带来革命性变化的铁路与电报。它把我带进了妙趣横生、广阔绚丽的商业世界，让我学会了尊重数字与事实，让我看到了运输业的威力，更培养了我作为商人应具备的能力与素养。所有的这些都在我以后的经商中发挥了极大的效能。我可以说，没有在休伊特·塔特尔公司的磨炼，在事业上我或许就要走很多弯路。

"直到现在，每当我回想起休伊特·塔特尔公司，想起我当年的老雇主休伊特和塔特尔两位先生时，我的内心就不禁涌起无尽的感恩之情。那段工作生涯是我一生奋斗的开端，为我打下了奋起的基础，我永远对那三年半的工作经历感激不尽。

"因此，我从不会和有些人一样去抱怨雇主，说什么'我们只不过是奴隶，我们被雇主踩在脚下，他们却高高在上，在他们美丽的别墅里享乐；他们的保险柜里装满了黄金，他们所拥有的每一块钱，都是压榨我们得来的'之类的话。我不知道这些抱怨的人是否想过，是谁给了他就业的机会？是谁给了他建设家庭的可能？是谁让他得到了发展自己的可能？如果你已经意识到了别人对你的压榨，那你为什么不结束压榨，一走了之？

"工作要靠一种态度，它决定了我们是否快乐。同样都是石匠，同样在雕塑石像，如果你问他们：'你在这里做什么？'他们中的一个人可能就会说：'你看到了吧，我正在凿石头，凿完这个我就可以回家了。'这种人永远视工作为惩罚，从他嘴里最常吐出的一个字就是'累'。另一个人可能会说：'你看到了吧，我正在做雕像。这是一份很辛苦的工作，但是酬劳很高。毕竟我有太太和4个孩子，他们需要温饱。'这种人永远视工作为负担，从他嘴里经常吐出的一句话就是'养家糊口'。第三个人可能会放下锤子，满怀骄傲地指着石雕说：'你看到了吧，我正在做一件艺术品。'这种人永远以工作为荣，以工作为乐，从他嘴里最常吐出的一句话就是'这个工作是非常有意义的'。

"无论天堂还是地狱，其实都是由自己建造的。如果你赋予工作某种意义，不论工作如何，你都会感到快乐。自我设定的成绩不论高低，都会使人对工作产生乐趣。如果你不喜欢做的话，任何简单的事都会变得困难、无趣，当你叫喊着这个工作很累人时，即使你不卖力气，你也会感到精疲力竭，反之就大不相同。事情就是这样。

"约翰，如果你把你的工作当作一种乐趣，人生就是天堂；如果你仅仅把工作当成一种义务，人生就是地狱。审视一下你的工作态度，那会让我们都感到愉快。"

如果人把工作当作是一种乐趣，那么，工作会越做越好，薪水固然会越来越高。如果你能找到工作的乐趣，那么，再苦再累也是心甘情愿的。

有一个美国记者到墨西哥的一个部落采访。这天是个集市日，当地土著人都拿着自己的物产到集市上交易，这位美国记者看见一个老太太在卖柠檬，5美分一个。

老太太的生意显然不太好，一上午也没卖出去几个，这位记者动了恻隐之心，打算把老太太的柠檬全部买来，使她能高高兴兴地早些回家。

当他把自己的想法告诉老太太的时候，老太太的话却让他大吃一惊："都卖给你？那我下午卖什么？"

做同一件事，有人觉得做得有意义，有人觉得做得没意义，其中有天壤之别。做不感兴趣的事所感觉的痛苦，仿佛置身在地狱中；做感兴趣的事，仿佛是一种享受。在老太太眼里，卖柠檬就是一件值得享受的事，因为她能从中发现乐趣。每个人对工作的好恶不同，假使能把工作趣味化、艺术化、兴趣化，就可以把工作轻松愉快地做好。

每一件事，每一个人，从一定的意义上说都是珍奇独特的，只要愿意，这一切都是无穷无尽的快乐的源泉。只要你用快乐的心情去感受，你就能感到工作的快乐。

对于工作上的委屈，我们要保持一种积极的心态，理解的态度，能屈能伸的处事方式，这样你会化解很多挫折和危机。

这个世界上没有没受过委屈的人

职场不比家里，常常有些年轻气盛的朋友，在单位受了一点点委屈，就想不开、闹情绪，最后发展到辞职不干。要明白，任何成功都要付出辛勤的汗水，都要凭借百折不挠的意志。而要努力进取，必定会有阻力、有困难，其中也包括环境和人为的压力，这些压力或许不是由于自己的原因造成的，如：

"我一直兢兢业业，老板却总挑我的毛病，好像我一无是处，我真是太委屈了。"

"这件事本来不是我的错，他们却将问题归结到我身上，真郁闷。"

"他说我不追求完美，可是他都不知道，这个工作是两个人做的，而我的搭档溜掉了，我只好一个人做两个人的工作，如何做得完美？我真是怎么辛苦都得不到好话。"

……

相信类似这样的委屈还有很多。

俗话说："出门在外，哪有不受气的？"的确，处在复杂的人际关系中，每个人似乎都会面临不为人理解或者是受到别人挑剔的时候。如果我们确实做出了成绩，却不能为人所肯定，那更是一件郁闷的事。在这种情况下，是自暴自弃、一味抱怨，还是以积极乐观的心态面对呢？

其实，许多事情在当时看来是过不了的关、咽不下的气，事后想想，当时的情况也并不是那么糟。挺一下，不都过去了吗？在外面工作，要有好心态、大气量，要正确对待工作中的委屈。

没有哪个人是喜欢批评而厌恶赞美的，因工作不顺或业绩不佳，成为上司发泄愤怒的受气包，对谁都是痛苦和可怕的体验。纵然如此，我们也不能将不满的情绪写在脸上。不卑不亢的表现令你看起来更有自信、更值得别人敬重，让人知道你并非一个刚愎自用或是经不起挫折的人。

可以这样说，一个聪明的人，面对工作中的委屈应学做"变压器""听诊器"。

学做"变压器"就是要求我们能屈能伸，能够兵来将挡，水来土掩。在工作中，由于每个领导的工作方法、修养水平、情感特征各不相同，对同一个问题的批评方式就会表现出明显的差异。然而，作为下属，不可能去左右上级的态度和做法。所以应认识到，只要上司的出发点是好的，是为了工作、为了大局、为了避免不良影响或以免造成更大的损失，哪怕是态度生硬些、言辞过激一些、方式欠妥一些，作为下属也要适当给予理解和体谅。不要固执己见，一味纠缠于上司的批评方式是否合适，甚至当面出言顶撞，不仅会激化矛盾，更加有损自己的形象。

聪明的人，面对委屈和挫折时，能像变压器那样善于自动调整自己的情绪，从而振作精神，但是一些敏感多疑、对挫折承受力低的人，则会把问题看得过于严重，或认为上司对自己心存成见，于是意志趋于消极，或是长期积聚郁闷情绪而无计排遣，状若怨妇，给自己的身心带来莫大伤害。

学做"听诊器"就是要求我们对待那些态度不友好的上司，要设法了解其内心活动和真实意图，进行换位思考。

当受到上司批评时，如果我们只是从自我的角度考虑问题，可能就会认为是上司故意找自己的茬、跟自己过不去。这样在工作中，不但不利于改正错误，还会出现抵触情绪，影响跟上级的正常工作关系。所以我们不妨换个位置，设身处地地从上司的角度考虑一下：如果我是领导，会怎样对待犯了这种错误的下属，能够丧失原则、放任自流、姑息迁就吗？这样一想，往往就会心平气和了。

总的来说，对于工作的委屈，我们要保持一种积极的心态，理解的态度，能屈能伸的处事方式，这样你会化解很多挫折和危机。

当然，当受到真正的委屈、别人的误解时，我们完全有理由去怨恨别人，可是仔细想一想，当我们在怨恨别人时，别人就能受到惩罚、我们就会从中有所收获吗？

其实，委屈、冤枉，是别人犯错误，不是你在犯错误，如果你受不起委屈从而怨恨，就是拿别人的错误来惩罚自己。因为抱怨、怨恨只会加重自己的烦闷心理。当然我们也不能选择逃避，最明智的做法就是坦然对待，寻求多种渠道，灵活妥善地解决你所面临的困境。

> 如果身边有人整天唉声叹气,那就试图远离这些人,因为他们的行为是在用自己已经疲惫甚至庸俗的心一点点吞噬别人的热情。

管不住情绪,你的时间就没了

情绪不好时,抱怨是一种本能的自我防御机制,是心理不平衡的情绪化表现。偶尔抱怨一下,有助于从对现实的不满中暂时解脱,但一味抱怨不但会失去其解脱作用,还会使眼中的不公肆意扩大化、妖魔化,眼前的大好时光也就在抱怨中慢慢逝去了。

午饭后,刚进入职场的小雪在办公室翻开一本关于营销的新书认真地看着,这时李姐也刚吃完饭回来。看到小雪看书的样子,她心里只是冷冷地一笑,上前说:"哟!小雪,这么用功呀?"然后就唠叨起自己在公司的不快经历,然后说了一句:"再努力也没有用,还不是让那些会搞关系的人把机会都抢去了!"小雪还是将信将疑地继续看书。李姐见自己的"苦口婆心"没起到什么效果,就又给小雪抱怨说这家公司的业务是如何难做,企业没知名度、产品又差,对客户求爷爷告奶奶,也没几个签单的。不像人家大公司,客户排着队上门。要不是自己实在没办法,早就不在这里干了。还劝小雪,趁着年轻赶快离开这家没发展前途的公司。禁不住李姐鼓动的小雪终于将手中的书放回到抽屉中去了,其后一年也没再翻看过,天天就和李姐泡在抱怨中寻找口头上的快感和内心的安慰。

在半年过后的同学会上,小雪对旧时好友抱怨起自己公司的考评混乱、业务难做，她说："常常冒着严寒自己打车去见客户，结果人家一看宣传单就撵你走………这哪儿是人过的日子？天天如此，根本没前途！"

小雪的好友就诧异地问她，当初不是慷慨激昂、豪情万丈吗？半年不见怎么都变成"祥林嫂"了。

这时的小雪，才猛然想起自己半年前买过一本关于营销的书，不过至今还没有看完。那本长久未翻的书也拿去垫了花盆。而小雪偶尔也不解地在心中自问："我怎么变成这样呢？"

面对公司里的种种不满，和李姐不断发牢骚来发泄心中怨气，小雪对工作产生了疑虑，激情和斗志也渐渐消磨掉了。对工作的消极态度，为提升业绩设下了心理障碍，最终造就了今日的困局。

如果身边有人整天唉声叹气，那就试图远离这些人，因为他们的行为是在用自己已经疲惫甚至庸俗的心一点点吞噬别人的热情。他们正是以此获得更多的"他人认同"来冲淡自己因事业、生活上的失败而淤积于内心的沮丧。

坏情绪多是对工作状况不满造成的，例如没有发展前景、公司离家太远、薪水过低、领导不公平、公司环境不好、人际关系不好处理、经常加班、工作太累等等。长时间的不满就会导致坏情绪的产生，从而对工作不上心、情绪消极。

一部分人深陷这种状况下无法自拔，其中很重要的原因是舍不得公司开出的高薪或是由于在公司工作时间较长，工作相对轻松，从而留下来，但在工作上止步不前。很多时候，换个环境可以为工作注入新的动力，新环境并不仅仅意味着换工作，还有以下几个方面：

1. 学会制造欢笑

如果现在的工作符合你的职业发展，其他情况也都相对较好，只是由于环境过于一成不变导致你情绪不好，那么不妨尝试在工作中适当制造一些欢乐，给环境增加新的亮点。

2. 改变办公桌的摆设

杂乱无章的工作环境也会导致工作效率低下，如果将工作空间改变成自己做事时习惯的模式，并且在空间中摆放绿色植物和有趣的摆设或是张贴醒目的海报，那么效果将大不一样，在这种充满情趣的工作环境下工作，谁不会充满热情和动力呢？

08

有些事，明白得越早对你越好

　　一些人生的道理和大智慧，并不是真的没用，而是我们没能真正地明白、领悟其中的精髓。很多时候，我们的人生陷入窘境，就是因为忽略了那些道理罢了，以至于事后发出这样的感叹：原来如此。我们要想控制住自己的情绪，不再受坏脾气的影响，拥有成功、快乐的人生，就尽快明白一些事吧！它会让我们能更好地把握人生，拥有更好的运气。

XII

> 每个人都会有心烦、心累的时候，千万不要在错误的时间，对错误的对象发泄你的郁闷情绪，因为也许一个转身，原本如此熟悉的两个人从此永不相见，形同陌路。

没有人有义务承担你的坏脾气

这世上没有谁会永远是谁的谁，有的人注定只能被伤害，有的人注定只能错过，有的人永远只适合活在另一个人的心里。人生没有如果，过去的不再回来，回来的不再完美。

不知从何时起，每当心烦意乱的时候就喜欢发脾气，而对象往往是那些最在乎你，最关心你的人，说白了无非就是因为别人太在乎你，太宠爱你而已，而自己因为知道无论如何她都不会离自己而去的，故而肆意发泄自己的情绪，随意宣泄自己的情感。

每个人都会有心烦的时候，每个人也都会有心累的那一刻，却没有几个人有正确的疏通方式，有选择隐忍的，有选择压抑的，有选择肆意发泄的。

而更多的人则选择了在错误的时间对错误的人发泄了自己的郁闷情绪，错误的时间是因为别人往往也处于心烦的时候，而错误的对象则是因为那些人往往都是最在乎你的人，只是因为太在乎而纵容了你的肆无忌惮，为所欲为。

有时候静下心来想想，如果不是她们的无私奉献怎会有我们今日的辉煌？如果不是她们一再的忍让宽容，怎会有我们现在的幸福？人心都是肉长的，不要以为她们就会冷血而不知痛，不要认为她们就是麻木而不知伤心的人，只是因为她们过于在乎而选择了隐忍，选择了忍受。

真正懂事的人应该学会感恩，学会控制自己的情绪，学会调节自己的心情，不要因为别人的在乎而放纵自己的情绪，不要因为别人的真爱而肆意地宣泄自己的心绪，越是在乎你的人越会为你付出。

不为你有所回报，不为你会因此感恩，只因为她真正地关心你，真正地在乎你，而事实又有几人能够明了她们的用心？几人能够读懂她们的良苦用心？

真正在乎你的那个人，从来不在乎你的过去，但她会很在乎你的现在，因为你的过去已经成为过去，而现在必须不让她再失望，不再失落，她在你身上寄托了太多的厚望太多的期盼，你所能做的，或者说最应该做到的就是让自己成功，不让她再失望，再绝望。

扪心自问，当你的心累了，当你心烦的时候，你会选择何种方式发泄自己心中的郁闷，选择何种方法宣泄自己的不满情绪？是否会因为最亲近的人的一句话而勃然大怒？是否会因为最爱的人的一个动作而大动干戈？

或许在你的勃然大怒中发泄了自己压抑已久的苦闷，又或者在你的大动干戈中宣泄了自己隐忍已久的委屈，但是你可曾知道，就是因为你的肆无忌惮，就是因为你的为所欲为，你伤了别人多少，让别人心寒到何种程度？

你从不曾知道过，你只知道自己得到了发泄，得到了释放，却将自己的苦闷情绪强制地发泄在别人身上，而自己却依然我行我素，未曾反省过，未曾内疚过，只因为别人对你的在乎，对你的爱。

当你承担应有的果时可能就会后悔莫及，但却已是悔之晚矣，每做一件事的时候都要扪心自问是否对得起自己的良心，每当遇到善良的人的时候都要反思自己是否对得起别人的良苦用心。

不要总活在自己的世界里，盲目自大，不要总活在别人的世界里，迷失自我，活在当下，活出自我，品味人生，用心生活，活出真我，守住自我。

>> 别让坏脾气赶走好运气

　　无论你身处何方,无论你身兼何职,也无论你此刻陷入了多么严重的困境或遭到了多么大的挫折和打击,你都要用微笑去面对一切。那么,一切的不幸和困惑都会屈服在你的微笑之下。

用微笑撑起你人生的每一天

　　挫折、困境甚至不幸的遭遇是人生道路上不可避免的,我们如果坦然乐观地去面对这一切,让我们的灵魂始终微笑,那么就没有什么困难可以阻挡住我们。自强不息是我们生命中蕴含着的不可阻挡的力量,这种力量会使我们人生中所有的苦难如轻烟一般随风飘散,然后彻底地消失。

　　人活在这个世界上会遇到各种各样的事情,或喜或忧,或成功或失败,我们无从选择。我们可以做的只有调整好自己的情绪,遇到任何事情都往好的方面考虑。这样,不但能够帮助我们更好地处理各种问题,更多的是可以获得身心健康。

　　我们常常感到生活是累的,工作是苦的,成功的路程艰难而又漫长,但也正是因为我们尝到了苦头才明白辛劳的意义和价值,也正是因为历尽千辛万苦才体会到收获的不易,才会对苦尽甘来的成果倍加珍惜。我们常面临工作不得志,情场失意,家人朋友之间的误会等种种烦恼,然而时过境迁之后,我们才猛然发现,也正是由此让我们品味到了生活的真谛和人生的乐趣。其实，一切的烦恼和不快都会成为过去，想开来，用微笑迎接生活的酸甜苦辣，人生才会更丰富，生活才更有滋味。

人在顺境时的得意是自然的事情，但更好的是能在逆境中苦中作乐，把自己的心情放平静，去全面地认识那个平常被你疏忽的自己，从而帮助自己在生活中更好地成长。

[用乐观支撑的人生]

有这样一个家庭，生活一向很拮据，但他们却很乐观，时常鼓励儿女："孩子们，迎着困难走下去，我们总有办法的。别忘了，我们还有那只玉镯呢。"那是爷爷奶奶唯一的遗产，孩子们没见过，妈妈说那可是件价值连城的老古董呢，必须在万不得已的情况下才可以用。这给儿女们增添了不少信心：他们毕竟有个依靠。

每到月初，精打细算的母亲便把那叠不多的钱细心地分成一小叠一小叠：这是本月的水费，那是伙食费……最后只剩一两个可怜的硬币。但是有一个月，母亲怎么分也不够用，因为最小的妹妹也要上学了。父母锁紧了眉头，这钱是如何都周转不过来了。一家人沉默不语。姐姐打破沉默，小声说："妈，卖掉那玉镯吧。"仍是一片沉默。只见做父亲的掏出自己的一份钱说："我戒烟吧。"母亲眼里透出了一片感激，接着，读大学的哥哥也退还自己的一份："我明天就去找个兼职。"于是左减右删，他们还是保住了那生活的唯一依靠。

父母总是说："没到万不得已的时候，绝不动用玉镯。"而兄妹们也不再为艰难的生活而恐惧，他们的心里和爸妈一样踏实而有信心：毕竟我们还有个玉镯呢。

直到哥哥姐姐出来工作后，他们再也不用吞咽生活的苦水。母亲打开了那只"宝盒"，令他们万分惊讶的是，里面空无一物。儿女们霎时明白了爸妈的用心。

多年来鼓励他们闯过一个又一个难关的，不是那只价值连城的玉镯，而是父母在苦难中那比玉镯更有价值的面对生活永不屈服的乐观与坚毅。

乐观能帮人战胜许多愁虑、困难、穷苦、失望。真正的乐观主义者是用积极的精神向前奋斗的人，是战胜一切艰难困苦的人。常人遇着苦境也许会"一蹶而不能复振"；而真正乐观的人则会蔑视一切困难。

[再不如意也不灰头土脸]

张丽是一名普通机关工作人员，平时工作顺利时，素面朝天，衣饰简单，牛仔服、运动鞋是她一贯的装束，这使她能有更多业余时间读书"充电"，可是一旦遇上挫折，如评职称没评上、分房子没分到、失恋、生病等等，她却反而特别注重修饰打扮。此时她会专门给自己腾出半天空闲时间，换上一套精心挑选的适合自己身材肤色的高档衣服，对镜薄施粉黛，淡扫蛾眉，再配上一两件得体的精美首饰，收拾完毕后静静审视几分钟，看着镜中的自己比平时漂亮得多的倩影，不由得自信心大增，在心中暗暗提醒自己："你很优秀，也还年轻，还有时间有能力与命运抗争……"如此一番由外及内的自我心理疏导，使情绪由低落逐渐回升甚至高涨。当她漂漂亮亮跨出家门时，又能像过去那样与人谈笑风生了。

当一个人精神沮丧时，若再不修边幅，灰头土脸的，会使旁人轻视你，同时更加重自己心境的恶劣。而在逆境时，注意把自己修饰得整洁漂亮，会大大增强自信心，消解心中郁闷，使自己早日恢复平常心态，也能给旁人带来好感，使事情向好的方向发展。

[即使失败也不灰心丧气]

住在英国南特郡的凯恩斯，给他的朋友写了一封信，后来这封信在互联网上广为流传。

"很小的时候，考入剑桥就是我的理想。为了这个理想，我倾注了全部的心血。我所付出的巨大努力使我坚信在剑桥一定有我的一席之地，根本不可能发生意外。然而巨大的失望出现了。得知没有被录取的消息后，我觉得整个世界都粉碎了，觉得再没有什么值得我活下去。我开始忽视我的朋友，我的前程，我抛弃了一切，既冷淡又怨恨。我决定远离家乡，把自己永远藏在眼泪和悔恨中。

"就在我清理自己物品的时候，我突然看到一封早已被遗忘的信——一封已故的父亲给我的信。信中有这样一段话：'不论活在哪里，不论境况如何，都要永远笑对生活，要像一个男子汉，承受一切可能的失败和打击。'

"我将这段话看了一遍又一遍，觉得父亲就在我身边，正在和我说话。他好像在对我说：'撑下去，不论发生什么事，向它们淡淡地一笑，继续过下去。'

"于是，我决定从头再来。我坦然面对失败，并从中汲取营养。我一再对我自己说：'事情到了这个地步，我没有能力改变它，不过只要心存希望，我就会有美好的生活。'现在，我每天的生活都充满了快乐，尽管没有进入剑桥，尽管后来我又遇到了若干次的失败。我已经明白：笑对失败才是对失败最大的报复，而一味地哭泣只能让失败愈加嚣张。今天，这种积极的心态已经给我带来了巨大的成功。"

面对失败仍然保持微笑的人才称得上真正的强者。失败不可怕，在失败面前一蹶不振才是彻底的失败者。勇敢的人即使失败了也仍旧会微笑着对自己说："没关系，只是一次失误而已，前方等待自己的是更多的成功。"

心态决定状态，有什么样的心态就会有什么样的生活状态。生活状态不好都是心态惹的祸，如果一个人的心态不好，他的生活状态肯定不佳。生活中，决定成败胜负的不是我们的技术水平，而是我们的心态。心态有积极和消极之分，消极在左，积极在右，任你来选。

你的心态决定你生活的状态

人到了某个年龄段后，就会开始不断反思自己的生活本身了。

有些人的人生观是积极的，无论遇到什么事情，他们总能积极应对；有些人的人生观是极为世俗化的，并因无奈而变得消极，在他们眼中没有什么好坏之分，见到好的他们不会高兴，遇到坏的他们也不会悲伤。似乎一切在他们的生活中都失去了思考的意义。

英国有句谚语：乐观者在一个灾难中看到一个希望；悲观者在一个希望中看到一个灾难。面对半瓶酒，你会怎么想？是"糟糕，只剩下一半了"，还是"太好了，还有一半"。面对玫瑰花，你会怎么形容，是"花下全是刺"还是"刺上面全是花"？

一个人面临什么样的人生境况并不可怕，关键是他对这种境况有着什么样的看法。

一个对生活怀有热情，抱有期望的人，总会积极地面对生活的每一个状态。即使身陷困境，举步维艰，他也不会放弃，更不会变得消极、得过且过、灰心绝望。他会安慰自己：不要怕，一切都会过去，坚持一下状态就会改变的。

悲观的心态总会让自己陷入消极的状态中，尤其是那些世俗心特别重的人，什么东西在他们眼中都变得充满功利和现实。正因为如此，很多东西在他们眼中都失去了其原有的味道。所以，不是葡萄太酸了，而是品尝葡萄的人不能用心去品了。

有个园丁收获了满满一架葡萄。经过多年精心栽培，他的葡萄总是又大又甜。为了让别人和自己一起分享葡萄的滋味，他就抱着一串串葡萄站在家门口，让路过的人尝一尝。

一个富商路过，他就赶忙抱着葡萄走过去说："你尝尝我的葡萄好不好？"富商吃了一个，觉得味道还不错，就问他："你的葡萄这么好，多少钱一斤啊？这么好的葡萄，贵点也没关系。"园丁说："不要钱，我就想让你尝一尝，你觉得好可以拿去一些。"

富商有点不高兴了，说："你凭什么白给我葡萄吃呢？吃你葡萄肯定要给钱的，你给我拿两串吧，我回去慢慢品尝。"富商塞给园丁一笔钱，捧着葡萄走了。

园丁有点失落，这时一个官员走了过来，他又抱着葡萄走了过去，说："你尝尝我的葡萄怎么样？"官员一尝，太好"吃"了，说："你的葡萄真不错，给我拿几串。你要是有什么事求我就说，我不会白拿你葡萄的。"园丁说："我没什么事求你啊，就是想让你尝尝我的葡萄味道如何。"官员一愣："哦，你没事啊！那我怎么能白拿你的葡萄？"于是，官员把葡萄放下，走了。

过了一会，一对很恩爱的小两口走了过来，园丁赶忙抱着葡萄走过去。园丁想，这个少妇一定喜欢吃自己的葡萄，就笑着对少妇说："这是我种的葡萄，你尝尝味道如何？"她就拿了一串，吃过后喜笑颜开。此时，她丈夫不高兴了，瞪着眼睛问园丁："什么意思，你？"园丁一看情况不妙，转身就跑了。

其实，园丁就是想让他们和自己一起分享葡萄的美味，遗憾的是，他们都没有理解园丁的意思。在富商眼中，园丁一定是为了利才让自己吃他的葡萄；官员心中，园丁让他吃葡萄一定对自己有所求；漂亮女子的丈夫肯定觉得园丁对自己的爱人没怀好意。

生活中，很多人不都像他们一样吗？他们觉得别人的行为总是带有目的的行为。当一个人的世俗心太重时，很多事情便会在他面前失去真实面目。

有什么样的心态，就有什么样的世界，你的心态决定世界在你心中的颜色。很多时候，我们都会因生活状态不好而抱怨。也许你会抱怨自己糟糕的运气，也许你会感叹命运的不公，也许你会责怪自己用心不够……

然而，如果我们不能积极调适自己的心态，无论我们对自己的现状怎样挣扎都很难使其发生改变。状态不好，都是心态惹的祸。面对不佳的生活现状，我们需要做的就是尽快选择一种好的心态。只有心态变好了，积极了，我们的生活状态才会一点点好起来。

面对纷繁杂乱的世事，常怀归零心，不被外世所扰，才能坚守心中的那份宁静，才能更好地包容万物，接纳新的挑战。

每一个当下，都应该拥有一个宁静的心

宇宙万有，因为虚空能容万物，所以能拥有日月星河的环绕；因为高山不拣择砂石草木，所以成其崇峻伟大。每个人都是一个小宇宙，只有定期清除心灵污染，给自己复位归零，才能从"空无"中体验到"富有"；才能解除心中的框框，把心放空，让心柔软，从而包容万物、洞察世间，达到真正心中万有，有人有我、有事有物、有天有地、有是有非、有古有今，一切随心通达，运用自如。

红尘滚滚，物欲横流，人们对生活品质的诉求与日俱增，随之而来的压力更是让人感受到一种难以摆脱的压抑和烦躁，抱怨之余我们该好好反思：不要归罪于外物，而是我们的内心失衡，被尘世污染，充满了心灵垃圾，只有学会定期给自己复位归零，才会发现枯燥、缺少激情的生活和工作原来是那么美好。所有的事情都是有因果的，外在的放手来自内心的割舍，而内心的割舍，恰恰又是最不容易做到的。

当然，把心态归零，不是让我们消极避世，而是让我们更洒脱、更从容，面对金光闪烁的花花世界，多一分清醒、多一分淡泊、多一分安宁。

美国哈佛大学校长来北京大学访问之时，曾讲过一段自己的亲身经历：这一年，他向学校请了三个月的假，然后告诉自己的家人，不要问我去什么地方，我每个星期都会给家里打个电话，报个平安。实际上是因为厌倦了日复一日重复的工作，于是，他只身一人去了美国南部的农村，趁着假期去尝试着过另一种全新的生活。在那里，他做着各种各样的工作，到农场去打工、给饭店刷盘子。和农民们一起在田地里做工时，背着老板躲在角落里抽烟，或和工友偷懒聊天，这些都让他有一种前所未有的愉悦。

他还说到了他遇到的一件最有趣的事。他最后在一家餐厅找到一份刷盘子的工作，只干了四个小时，老板就把他叫来，给他结了账。饭馆老板对他说："可怜的老头，你刷盘子太慢了，你被解雇了。"于是，这个"可怜的老头"重新回到哈佛，回到自己熟悉的工作环境后，他觉得以往再熟悉不过的东西又变得新鲜有趣起来，工作成为一种全新的享受。

哈佛校长短短三个月的经历，像一个淘气的孩子搞了一次恶作剧一样，新鲜而刺激。关键在于，有了这次经历之后，一切在他看来都充满了乐趣，也不自觉地清理了原来心中积攒多年的"垃圾"。

面对纷繁杂乱的世事，常怀归零心，不被外世所扰，才能坚守心中的那份宁静，才能更好地包容万物，接纳新的挑战。蛇类每年都要蜕皮才能成长，蟹只有脱去原有的外壳，才能换来更坚固的保障。旧的思想如果不舍弃，新的思想就不会诞生。

从零开始，其实就是一种虚怀若谷的精神。有了这种精神，人才能够不断进步。昨天的成功，不代表明日的辉煌，过去的失败，也不代表将来不能成功。如果你一味沉浸于以往的成功、荣誉、辉煌、掌声或成绩之中，就难免会迷失自我。同样的道理，如果你太过于在意昔日的失败、无能、平庸或污点的话，也会导致裹足不前。所以，你需要把过去归零，把心中储积的情绪归零，让自己恢复平静，充满活力。

把心态归零，不是让我们消极避世，而是让我们更洒脱、更从容，面对金光闪烁的花花世界，多一分清醒、多一分淡泊、多一分安宁。

当"归零"成为一种常态、一种延续、一种习惯时，我们就是在不断地超越自己。每一个当下我们都拥有一颗宁静的心，让我们以全新的状态去面对、去感受、去融入，那么静界就会决定境界。

焦虑和忧愁都是我们情绪上的垃圾，会让我们的脾气变坏。因此，我们必须学会自己进行调整和修复，否则大好的人生就会在你的担惊受怕中，在你的自怜自艾中白白地消磨掉。

焦虑和忧愁，只会让情况变得更糟

对生活中不如意的事情，我们不要有大难将临之感，焦虑不安，忧心忡忡，要知道情绪会影响人的身体健康。长期这样生活，轻者是长吁短叹，重者就是血压升高，疲劳不堪，进而你会感到无所适从，白白影响了自己的工作和生活。

我们要做的事情就是，不要让焦虑和忧愁毁了自己；要调整心态，正确看待目前的困难和处境；还要提高自己的心理承受力，只要自身心理素质好，就可以经受任何风浪、波折的冲击和考验。

焦虑和忧愁的滋生主要是源于压力，它来自各个方面，如升学就业、职位升降、事业发展、恋爱婚姻、名誉地位等，由此造成心神不宁、焦躁不安、患得患失等负面情绪，这些情绪都会严重影响到你的工作和生活。发生这些消极情绪的原因有时候匪夷所思，出人意料。

一位来自香港的年轻老板黄先生，曾有很好的经商经验。他到大陆发展事业后，还娶了经济专业硕士学位的霍小姐为妻。他感到自己对大陆政策、风俗了解较少，普通话也讲不好，因而在商务谈判中总是怕开口，就让太太全权代理。而霍小姐毕竟年轻，经商经验不多，自信心不足，因而对丈夫不满，矛盾由此产生。

从这个故事中我们可以看出，黄先生对谈判事情的焦虑和忧愁已经影响到了他工作和事业的发展，如果他不能很好地处理自己的心理负担，势必会影响夫妻之间的感情。

在工作中，如果我们不能很好地处理和同事之间的关系，也将会给自己造成很大的心理焦虑和困扰，影响到自己职业生涯的发展。

英语专业毕业的路小姐业务能力极强，走到哪里都能得到上司的赏识，她工作六年，却换过八家公司。为什么频繁跳槽？其实既不是她不适应业务，也不是老板炒她鱿鱼，都是她自己主动离职。她十分忧愁地对心理医生讲了原因，说："我不知道如何与同事相处，为什么总有人造谣诬蔑我、排挤我？有人向老板告我的黑状，我也没有做错什么，为什么不能容忍我的存在？我只好逃避……"

路小姐的焦虑和忧愁，很有代表性。可见职场之路要想走得顺畅，除了业务能力很强之外，我们也要重视其他细节上的问题。否则这些事情都可以让我们感到焦虑和忧愁，影响我们工作的开展。

某部委干部乔女士由于近年来工作得到政府重视，各种媒体频繁地进行采访，上镜机会很多。但因她工作中一些难言的苦衷，使她对媒体的采访越来越反感，多次出现与记者的矛盾冲突。

可见，在生活工作中，导致人产生焦虑和忧愁情绪的事情有很多，我们需要学会化解这些负面情绪，只有这样才能让它们不至于毁了自己的工作。

人只有精神愉快才能信心百倍地做好任何事情，如果肢体怠弛就什么事情也都做不好了。在不可避免的快节奏生活中，如何摆脱焦虑和忧愁的负面情绪，减少它们给工作带来的损失和危害，这对每一个现代人来说，都是十分重要的。

有人说，情绪如果变得冲动，只是一时钻进了死胡同，一定要歇斯底里才能释放。除非那一刻能突然有什么事或者人转移注意力，要么结果一定是两败俱伤。

有时，你只是钻进了情绪的牛角尖

有时候我们的不满情绪被诱发时，通常会无法控制。对于一向自制力较差的人，就会让不满情绪占上风，无论说什么话做什么事都不去理会结果，只顾着一时的发泄，过后，往往后悔莫及。很多容易冲动的人都会有这种经历。

有人说，情绪如果变得冲动，只是一时钻进了死胡同，一定要歇斯底里才能释放。除非那一刻能突然有什么事或者人转移注意力，要么结果一定是两败俱伤。

很显然，我们这里强调的转移注意力是缓解不满情绪的一个好方法。我们先来看这样一则故事：

有一头骡子脾气很大，一旦脾气上来，它的四只脚便会像上了钉子一样，固定在地面，一动也不动，无论主人怎样使劲鞭打，骡子还是坚持它固执的脾气，一步也不肯向前走。

这天，一位老和尚和小徒弟就遇到了这样的情况。

小和尚面对着不肯迈步的骡子，高高举起了鞭子。这时，老和尚赶忙制止了他："等一下，每当骡子闹脾气时，有经验的主人不会拿鞭子打它，那样只会让情况更加严重。"

小和尚忙问:"那该怎么办呢?"

老和尚说:"你可以从地上抓起一把泥土,塞进骡子的嘴巴里。"

小和尚好奇地问:"骡子吃了泥土,就会乖乖地继续往前走了?"

老和尚摇头道:"不是这样的,骡子会很快地把满嘴的泥沙吐个干净。然后,在主人的驱赶下,才会往前走。"

小和尚诧异地说:"为什么会这样?"

老和尚微笑着解释道:"道理很简单,骡子忙着处理口中的泥土,便会忘了自己刚刚生气的原因。这种塞泥土的做法,只不过是为了转移它的注意力罢了!这个方法用在骡子身上有效,同样也适用于人发脾气的时候……"

的确是这样的,情绪在很多时候其实只需要一个小小的缺口就可以化解了。

有一位著名的诗人最近思路打不开,怎么也冲不出思想的牢笼,这使他的情绪变得很糟糕。这天,他5岁的孩子怯怯地走过来说:"爸爸,你可以带我到外面去玩吗?"

诗人看着孩子纯真的脸,想到自己这段时间对孩子的冷淡,不禁有些于心不忍,就答应了孩子。

他拉着孩子的手去外面的小树林里玩,一路上还是提不起精神。仍然想着自己为什么会写不出来东西的问题。孩子忽然指着前方问:"爸爸,那几个字是什么呢?"他一看,是一块掩映在树林里的牌子上写着几个字,他告诉孩子是"阳光不锈钢制品厂"。

孩子平时背成语背多了,就四个字四个字地念:"阳光不锈,钢制品厂,"然后疑惑地问他:"什么叫阳光不锈呢?"

阳光不锈?诗人当场呆住了,心想,这是多么有寓意的词语。他不禁大叫一声："妙极了！"脑海里一首诗马上形成了。他又重新找回了自己的灵感，烦闷了多日的情绪也一扫而光。

故事中的诗人一直停留在一个问题上不肯放手，结果导致情绪越来越差。可是，没想到一次无心的外出游玩居然让他找到了丢失的灵感，也重新恢复了平和的情绪。谁都没有想到，当我们把目光转移到那些细小的事情上时，居然会得到这么大的收获。

在情绪治疗过程中，医生们发现了一个现象：一些情绪压抑过久的人，往往会采用啃咬手指的办法来减轻紧张情绪或者压力。有一些患者很为此担心，他们在公共场合或者比较严肃庄重的场合忍不住会咬自己的手指，怎样改变这种现象呢？

后来，心理学家就用了这样一个办法：在患者的手指上缠了很多圈的细绳，这样，每当他们情绪紧张想咬手指的时候，就必须要慢慢地解下手指上的绳子，但解完之后，通常患者就不想再想咬手指了。

绳子有这么大的作用吗？其实不是绳子的作用，而是解开绳子的动作产生了作用。在解开绳子的过程中，紧张的情绪就在这短短的时间里得到了缓解。其实情绪正是这样，它只是需要一个转移的时间，就可以得到完全的解脱。

显然，情绪是可以转移的。当你陷入情绪里无法自拔时，一定要提醒自己离开那个空间去做一些事，比如喝杯水，吃些水果，或者打个电话给信任的人说说，这时情绪在无形中已恢复，而你也清醒过来，不会再被情绪掌控。

情绪具有传染性，难道要让别人的情绪影响自己吗？当然不。要想生活得快乐，就一定要把握自己，为自己的情绪建筑"免疫"堤坝。

当心，别被他人的情绪"传染"

细菌和病毒具有传染性，如果人们没有适当的预防，就可能被疾病传染。其实，情绪也是如此。

美国洛杉矶大学的心理专家在经过长期的研究后发现：如果一个情绪稳定的学生A和一个情绪低落的学生B共处一室，学生A的情绪就会慢慢低落起来；在家庭中，某人的情绪低落，他的配偶也更容易出现情绪低落。这位专家最后得出结论：一个心情舒畅的人如果天天和一个抑郁、愁眉苦脸的人在一起，只要20分钟就会受到情绪传染，心情舒畅的人很快就会变得沮丧起来，并且他的敏感度和同情心越强，越容易受到对方情绪感染。也许你在生活中也时常有这样的经历：

清早，陈玉刚刚进入工作状态，就听到坐在对面的李小林气呼呼地说："迟到两分钟就要扣钱，真不是人过的日子。扣吧，真没劲，早想跳槽了。"

李小林的抱怨把陈玉刚从工作状态中拽了出来，抬头看看表，9点过5分，看来李小林又迟到了。李小林是一个喜欢把个人情绪当众展示的人，非常喜欢抱怨，所以在办公室里经常会听到他的牢骚声，言语里总是充满了挑剔，陈玉刚感到自己时常会受他情绪的影响。

刚进公司的时候，陈玉刚虽然没有踌躇满志准备大干一场的劲头和激情，但对工作还是充满热情，他渴望通过自己的努力得到上司的赏识。因为李小林在公司已经4年多了，算是老员工，陈玉刚有什么问题自己无法解决，就会虚心地向他请教，每次李小林都懒洋洋地说："这有什么意思？想那么多干吗？说实话，我来的时候和你一样，结果呢，还不是这样？"也许李小林的抱怨是无意的，但是已经大大削弱了陈玉刚的冲劲与热情。

有时候，陈玉刚也会与他争辩说只要努力，就一定会有机会。他会不屑地说："算了吧，收起你的那点梦想吧，这个社会只有会混的人、有关系的人才有未来。你没看咱们公司那个小赵，比我还晚来一年呢，人家现在是部门经理，听说他是老板的远房侄子。还有那个来了半年就被提升的小李，听说是老板朋友的儿子……"

听了李小林的话，陈玉刚就开始怀疑自己和老板没有任何"瓜葛"，努力会不会有用？有时候，刚刚说服自己要努力，不要受别人坏情绪的影响，而李小林又会悄悄地对他说："我最近看好了一家公司，人家在市中心办公，办公室装得那叫气派，听说公司有500多人，哪里像咱们这里办公室不像办公室，上上下下加起来还不到100人……"

陈玉刚一直在李小林的抱怨声中坚持着自己最初的信念，直到后来慢慢动摇，他也渐渐觉得现在的工作没有前途，缺乏发展空间，那些自己定的短期计划、中远期计划，而今早已束之高阁。他想努力又有什么用呢，即便努力了，说不定将来也是和李小林一样的命运。

很显然，陈玉刚已经被李小林的负面情绪感染了，并严重影响到了自己的工作。倘若陈玉刚早认识到这一点，及时避开李小林的负面情绪，那么他也不会受到这么大的影响。

无论是工作中还是生活中，我们的心情总是容易被别人的情绪所影响。但是，反过来，如果我们能提高自己的"免疫力"，把握住自己的情绪，那就不会再产生这样的错误了。

一次，著名专栏作家哈里斯和朋友到报摊买报纸，拿到报纸后，朋友礼貌地对报贩说了声"谢谢"。但是报贩却一脸严肃，一语不发，好像很不开心的样子。这让这个朋友也很不开心，在路上他对哈里斯抱怨："这家伙态度很差，对不对？"

哈里斯笑着答道："他每天都是这样的。"

"那你为什么还对他态度那么好？"朋友疑惑地问。

"难道我要被他的情绪传染，让他决定我吗？"哈里斯回答。

的确如此，难道要让别人的情绪影响自己吗？当然不。要想生活得快乐，就一定要把握自己，为自己的情绪建筑"免疫"堤坝。

快乐，不仅仅是生活的一种美味调料，而且也是心理的一剂良药。它能改变生活的颜色，也能改变一个人的心绪。

萧伯纳说："我们对烦恼、挫折、牢骚、不满、懊悔、不安的反应，在很大程度上纯粹是出于习惯。"这就是说，一个人如果能够习惯于快乐，就能真正获得快乐。

原来，快乐是可以习惯的

我们要想提高自己的心理素质，就可以通过让自己习惯于快乐来达到目的，从行为入手培养快乐习惯、快乐性格。当你不愉快的时候，要想变得愉快的主动方式就是愉快地坐起来，仔细地看看四周，使自己的言行积极起来。那么具体该怎么做呢？

1. 具备快乐的思想，哪怕是面对绝境

第一个抵达南极的英国人史考特，他和同伴回程的经历几乎是人类所经历过的最严峻的考验。在足以切断南极冰崖的狂风暴雪中，他们断了粮，也没有燃料可以取暖，这使得他们几乎寸步难行。史考特一行人很清楚自己已经没有了生还的可能，那么是用准备好的鸦片结束这一切还是在欢唱中离去呢？他们选择了后者，并在告别书中写道："如果我们拥有勇气与平静的思想，我们就能坐在自己的棺木上欣赏风景，在饥寒交迫时还能欢唱。"

快乐的思想并没有改变他们的处境，但却改变了他们对待死亡的态度。如果我们改变对人与事的看法，事情或许就会发生改变。如果我们的想

法变得很积极向上，就会惊讶地发现生活中的状况也在急速的变化。我们每个人的内心都有一份神奇的力量，那就是我们自己，只要我们能保持快乐的思想，就会有一份快乐的生活。

2. 接受那些已经发生的事实

既然事情已经发生了，你再怎么逃避也是没有用的。与其每天胆战心惊地去躲避这些噩梦，不如勇敢地接受它们，然后忘记它们。

伊丽莎白·康奈在经历了无数苦难的折磨后，终于学会了如何去接受那些必然会发生的事实。在庆祝美军在伊拉克取得胜利的那天，她接到了国防部的通知，她的儿子——她最爱的人——在战场上失踪了。几周以后，她又接到了第二份通知，他已经死在了战场上。

这个消息让康奈万分痛苦，在此之前康奈一直快乐地生活着，她热爱生活，尽心工作，她花了许多心血将这个孩子培养成人，在她眼里，他是这个世界上最出色的年轻人，他有着年轻人所特有的优秀品质，她期待着这个孩子的未来……可如今，一切都突然破碎了。康奈觉得自己失去了活下去的理由，她开始痛恨这个世界，为什么要带走这样一个年轻人。悲痛之下，她失去了对工作的兴趣、对朋友的兴趣甚至对所有一切的兴趣。她决定辞掉工作，远走他乡，逃离这让她疯狂的一切。

在她着手写辞职信的时候，康奈突然在自己的抽屉里看到了一封信，一封她已经遗忘了的信——几年前自己的母亲去世后，儿子写给自己的信。儿子在信中写道："当然，我们都会怀念她，尤其是你，但我相信你会撑过去的。我一直都记得你教我的那些美丽的真理，记得你教我要微笑，要做一个男子汉，勇敢接受所发生的事情。"

这封信就像黑夜里的一道闪电，带给她极大的震撼，让她仿佛看到儿子就在自己身边，正在对她说："为什么你不按你交给我的办法去做呢？为什么要逃避呢？你要勇敢一点，勇敢地撑下去，不论发生什么事，都要微笑着活下去。"

康奈终于清醒了过来，她对自己说："我不应该被悲痛所困扰的，事情既然已经到了这个地步，已经没办法挽回了，我应该好好地活下去，连带他的那一份希望勇敢地活下去。"于是，她开始试着接受这个残酷的事实，重新振作精神，把所有的精力都投入到工作中去。她还写信给那些前线的士兵——那些还活着的别人的孩子——给他们鼓励。她还参加了成人教育课程，培养新兴趣，认识新朋友，她要努力让自己过得更好，更好地活下去。

我们每个人都会经历许多无法改变的事，为此，我们所能做出的唯一选择就是接受他们，并调整我们自己，抗拒不仅于事无补，反而可能毁了我们的生活，甚至会让我们精神崩溃。世界上没有什么不可接受的事，也许我们未曾察觉，但我们每个人的心底都有一种强大的精神力量，它可以让我们坚强，帮我们渡过难关。

3.改变对生活的态度

一个人对生活具备什么样的态度，就会产生相应的结果。你以乐观的态度来面对生活，得到的就是你想要的结果。相反，你以悲观的态度来面对生活，得到的可能就是你不想要的结果。生活到底是个什么样子，决定权不在上帝手中，而在你自己手中。

一位名叫凯瑟琳的女士讲述了她自己的经历："战时，我丈夫驻防非洲沙漠的陆军基地。为了能经常与他相聚，我搬到基地附近去住。那实在是个可憎的地方,我简直没见过比那更糟糕的地方。我觉得自己倒霉到了极点,觉得自己好可怜,于是,我写信给父母,告诉他们我要放弃了,准备回家,我一分钟也不能再忍受了,我情愿坐牢也不愿意待在这个鬼地方。我父亲的回信只有三句话,这三句话常常萦绕在我的心头,并改变了我的一生:'有两个人从铁窗向外望去,一个看到的是满地的泥泞,另一个却看到漫天的繁星。'"

这短短的三句话改变了我的一生。是什么带来了这些惊人的变化呢?沙漠并没有发生改变,改变的只是她自己,因为她的态度变了,正是这种改变使她有了一段精彩的人生经历,她所发现的新天地令她觉得既刺激又兴奋。

4. 懂得知足,哪怕生活不能给予太多

我们应该都听说过:越是贪婪,可能失去的也就越多。在职场上,要想过得快乐一点,就应该懂得知足,感恩生活能够给予你的一切。以"还有半杯水"的态度来看待一切,而不是用"只剩半杯水"的思维来引导自己。

刘墉曾经这样形容过人的贪欲:"旅客车厢内拥挤不堪,无立足之地的人想:我要有一块立足的地方就好了;有立足之地的人想:我要是能有一个座位就好了……有了卧铺的人还会想:这卧铺要是一个单独包厢就好了。"

近代的弘一法师,淡泊物质,知足生活。一条毛巾用了十八年,已退去了当年的颜色;一件衣服穿了好几载,缝补再缝补,有人劝他说:"法师,该换新的了。"他却说:"还可以穿用,还可以穿用。"外出歇脚,住在小旅馆里,又脏乱又窄小,臭虫又多,有人建议说:"换一间吧!臭虫那

么多。"他却说："没有关系，只有几只而已。"

平常吃饭佐菜只有一碟萝卜干，他还吃得很高兴，有人不忍心地说："法师！太咸了吧！"弘一大师恬淡知足地说："咸有咸的味道。"

一个知足的人，早已超然物外，不受物质的丰足或缺乏的束缚，贫穷不曾以为苦，富裕也不曾以为乐，觉得这样也好，那样也不错。不管物质好坏，境遇顺逆，精神一样愉快、轻松，心理上的满足和获得一点也不比人少。

快乐是一种状态，更是一种习惯的选择。就像面对一个柠檬一样，你可以选择直接啃，满嘴酸涩味，你也可以选择把它做成柠檬水，淡淡的清香味弥漫整个人生。